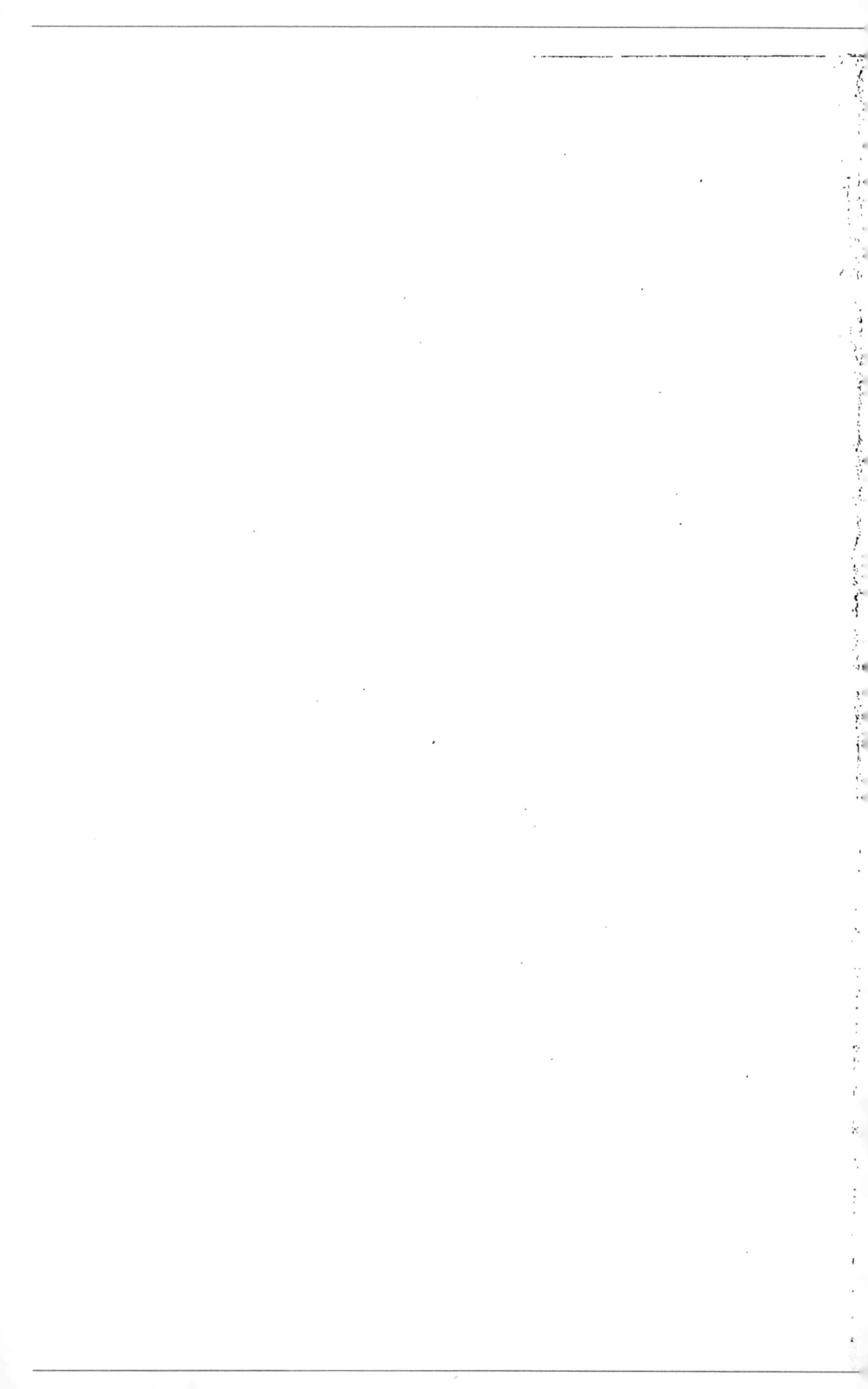

LEÇONS ÉLÉMENTAIRES

SUR

L'HISTOIRE NATURELLE

DES

OISEAUX

PAR

J. C. CHENU

MÉDECIN PRINCIPAL A L'ÉCOLE IMPÉRIALE DE MÉDECINE ET DE PHARMACIE MILITAIRES

O. DES MURS
ORNITHOLOGISTE

J. VERREAUX
NATURALISTE VOYAGEUR

TOME PREMIER — PREMIÈRE PARTIE

Gambra, perdrix de Barbarie.

PARIS

LIBRAIRIE L. HACHETTE ET Cᴵᴱ

BOULEVARD SAINT-GERMAIN, 77

1862

6

LEÇONS ÉLÉMENTAIRES

SUR

L'HISTOIRE NATURELLE DES OISEAUX

—

TOME PREMIER

PARIS. — IMP. SIMON RAÇON ET COMP., RUE D'ERFURTH, 1.

Spécimen des exemplaires en couleur.

LEÇONS ÉLÉMENTAIRES

SUR

L'HISTOIRE NATURELLE

DES OISEAUX

PAR

J. C. CHENU

MÉDECIN PRINCIPAL À L'ÉCOLE IMPÉRIALE DE MÉDECINE ET DE PHARMACIE MILITAIRES

O. DES MURS ET J. VERREAUX

Ornithologiste   Naturaliste voyageur

TOME PREMIER

Martinet à ventre blanc.

PARIS

LIBRAIRIE L. HACHETTE ET Cie

77, BOULEVARD SAINT-GERMAIN, 77

1862

AVERTISSEMENT

Les *Leçons élémentaires sur l'Histoire naturelle des Oiseaux* sont publiées pour vulgariser la science, en répandre le goût et en faciliter l'étude; elles paraîtront tous les mois par demi-volume.

Le premier volume comprend toutes les généralités indispensables sur l'anatomie, la physiologie, le mode de reproduction, les habitudes, l'instinct, la distribution géographique et le classement des oiseaux. Les suivants donneront l'histoire des ordres, des familles, des genres et des espèces principales. Indépendamment de nombreuses gravures de détail à l'appui du texte, chaque volume contiendra

*

environ cinquante types spécifiques choisis surtout parmi les oiseaux d'Europe qui seront tous figurés, et parmi ceux qu'il est utile de connaître et qui habitent les autres parties du monde.

Quelques exemplaires en couleur seront en dépôt chez M. Victor Masson, libraire, place de l'École-de-Médecine. Nous inviterons les personnes qui achèteront ces exemplaires retouchés au pinceau et qui voudront les faire relier, à recommander au relieur le plus grand soin pour éviter le collage des figures plus ou moins gommées. On obtient un excellent résultat de l'emploi du papier dit végétal, ou d'un papier gras, mais sec, placé entre les pages, pendant que le volume est en presse.

SPÉCIMEN DU MUSÉE ORNITHOLOGIQUE

SARCORAMPHUS PAPA. Mâle et Femelle.

0ᵐ,72 à 0ᵐ,75.   Amérique intertropicale.

Roux carné très-clair sur les parties supérieures; blanc pur en dessous.
Ailes noires. Un collier ardoisé au bas du cou. Bec rouge, noir à la base.
Iris blanc. Œil entouré d'un cercle rouge. Crête orangée, charnue, adhérente à la cire, bilobée, dentelée, non érectile. Tête et cou nus, violâtres
en avant; sommet couvert de poils ardoisés et courts. Plis charnus et oran-
gés naissant derrière l'œil. Rides de la gorge variées de rouge et de jaune.
Tarses bleuâtres.

SARCORAMPHUS PAPA. Mâle, jeune et très-jeune.

Parties supérieures variées de noirâtre et de fauve à la troisième année; d'un brun foncé dans le jeune âge, avec quelques plumes d'un blanc sale et brunes au milieu, sur les flancs, les jambes et le dessous de la queue.

Vultus Papa; Linné, *Syst. nat.*, 1766.
Sarcoramphus Papa; Duméril, *Zool. anal.*, 1806.
Cathartes Papa; Illiger, *Prodr. mamm. et avium*, 1811.
Gypagus Papa; Vieillot, *Galerie des Ois.*, 1816.
Urubu ou Roi des Vautours; Buffon. — The King Vultur des Anglais. — Cozcaquauhtli des Mexicains.

MUSÉE ORNITHOLOGIQUE

COLLECTION

DE

PLANCHES COLORIÉES DE TOUS LES OISEAUX CONNUS

CLASSÉS PAR ORDRES, FAMILLES ET GENRES

PAR

J. C. CHENU, O. DES MURS ET J. VERREAUX

———

Cet ouvrage, destiné aux personnes qui s'occupent spécialement d'ornithologie, contient tous les détails de la classification, la discussion sur la valeur des genres proposés par les naturalistes de tous les pays, les caractères de divers degrés que nous croyons devoir adopter, ainsi que la figure de tous les oiseaux connus mâle, femelle, jeunes et variétés. Chaque espèce est sommairement décrite, et la description comprend la synonymie, la taille, la patrie et tous les détails importants. Le premier volume se compose de types pris dans les divers ordres pour l'intelligence des généralités sur l'ensemble de la classification; mais les planches mobiles qui s'y trouvent n'ont reçu qu'un numéro provisoire pour que chaque espèce figurée puisse être placée, par la suite, à l'aide de la table, dans le genre auquel elle appartient, comme on peut le voir sur le spécimen que nous donnons. Les volumes suivants contiendront les genres de chaque famille dans l'ordre méthodique.

Le prix de chaque volume, de cent planches coloriées, comprenant environ cent cinquante oiseaux et le texte correspondant, est de vingt francs.

PARIS. — IMPRIMERIE SIMON RAÇON ET COMP., RUE D'ERFURTH, 1.

Fig. 1. — Hirondelle de fenêtre.

INTRODUCTION

L'oiseau est le plus indépendant de tous les animaux : libre comme l'air qu'il traverse, l'espace est son domaine; toujours admirablement orienté, il franchit en peu de temps les plus grandes distances, et ne se fixe que sur les points où son existence est assurée. Il prévoit le froid et la chaleur, le calme et les orages; il pressent les changements atmosphériques qui viennent surprendre nos sens et les instruments de précision, dont nous sommes si fiers. Aussi, sans parler des grandes migrations bisannuelles, il fait souvent, dans la contrée qu'il habite, de petits voyages pour se soustraire au moindre trouble météorologique, revient au lieu qu'il a momentanément quitté, prêt à passer encore de la plaine à la montagne, ou réciproquement,

pour chercher un abri contre le vent ou la pluie, un sol plus sec
ou plus humide, des plaines non encore moissonnées, des ver-
gers ou des vignes qui lui promettent les fruits mûrs, sur lesquels il a bien le droit, comme nous le dirons bientôt, de préle-
ver la dîme.

Souvent remarquable par la richesse de son plumage, l'élégance de sa forme, le charme de sa voix et son étonnante vivacité, il anime, dès le lever du soleil, les bois, les champs et les
jardins, où parfois le plus sauvage, tout en conservant la liberté,
dont il est surtout jaloux, se familiarise assez pour rechercher la
présence de l'homme et lui demander quelques miettes de pain.

Fig. 2. — Chardonneret.   Fig. 3. — Rouge-gorge.

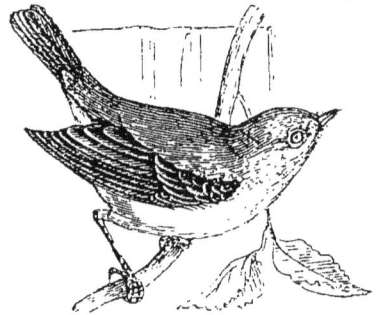

Le mouvement semble lui être plus naturel que le repos, et sa
turbulente vivacité, ainsi que l'ardeur de ses petites passions,
s'explique assez par la grande quantité d'air qu'il respire, et
qui donne un excès d'énergie à sa constitution. C'est sans doute
aussi à la même cause qu'on doit attribuer l'incroyable fécondité
des plus petites espèces. Et cependant, avec une activité aussi
épuisante et des fatigues qui semblent devoir dépasser les forces
des oiseaux, comment expliquer leur longévité? Buffon dit qu'ils

doivent leur longue existence à la vacuité, à la légèreté de leurs os, qui conservent plus longtemps leur vitalité; et il a considéré l'accumulation de la matière calcaire dans les os plus pleins et plus lourds des autres animaux comme la cause principale de la mort naturelle. Il est néanmoins bien peu d'oiseaux qui atteignent, dans les pays civilisés, la limite normale de leur existence. La destruction des faibles par les forts, les rivalités, les combats même entre les individus de la même espèce, paraissent nécessaires à l'harmonie du monde, et ne troublent pas les proportions établies par la divine providence. Mais la guerre incessante, si meurtrière et si peu raisonnable, que leur fait l'homme sur tous les points du globe, change complétement ces proportions; aussi la destruction d'un grand nombre d'espèces d'oiseaux entraîne-t-elle le développement de myriades d'insectes qui dévorent les fleurs, les fruits, les céréales, la vigne, et même les arbres des forêts.

Profitons de l'occasion pour faire la part réelle du bien et du mal que les oiseaux font aux récoltes, et présentons un résumé impartial des termes du procès qu'on leur fait. Si les crimes qu'on leur impute sont nombreux, les circonstances atténuantes, il faut l'avouer, feront peut-être absoudre des coupables qui obéissent à une loi de nature.

Les oiseaux qui se nourrissent de grains, et il en est bien peu qui soient exclusivement granivores, causent évidemment des dommages à l'époque des semailles et au moment de la moisson. Quelques-uns même, pendant l'hiver, quand la terre est gelée ou couverte de neige, s'introduisent parfois dans les granges, dans les greniers, et la faim transforme en pillards effrontés ces pauvres moineaux, oiseaux citadins, qui n'inspirent aucune pitié.

Ceux qui vivent de plantes herbacées attaquent les pousses naissantes au moment où elles sortent de terre; souvent ils les déracinent et dévorent le grain qui les a produites. Plus tard ils attaqueront aussi les sommités plus tendres, blesseront la tige, déchireront les feuilles; c'est le fait du Pigeon Biset, qui provoque les malédictions du cultivateur, et celui de la plupart des gallinacés; c'est le fait aussi de tous les Perroquets qui tombent sur les plantations de maïs et les rizières.

D'autres sont très-friands des bourgeons qui commencent à s'ouvrir; on les connaît dans les annales du crime sous le nom d'ébourgeonneurs, tels sont le Gros-bec et le Bouvreuil; et, dans les pays de montagnes où croissent les arbres verts, on signale le Coq de bruyères et le petit Tétras.

Beaucoup de ces maraudeurs attaquent les fleurs des arbres fruitiers, mais les plus gourmets préfèrent les fruits mûrs, le raisin, la groseille, la figue, la cerise sauvage ou non, peu leur importe, la prune, etc.; tous nos oiseaux chanteurs, la Fauvette, le Rossignol et tous les Becs-fins, peuvent être accusés indistinctement, mais les plus grands coupables sont la Grive, le Merle, le Loriot, le Ramier, la Tourterelle, etc. Il en est un, au bec crochu et tranchant, qui aura bien du mal à se défendre en Normandie surtout, où l'on est très-processif : c'est le Bec-croisé, qui ouvre les pommes et les poires pour en extraire les pepins, dont il est très-friand.

Il y a encore d'autres catégories de coupables qu'il faut bien aussi faire connaître : commençons par celle des oiseaux Rapaces diurnes, pour lesquels je ne réclame pas d'indulgence. Ils sont cruels, ont un grand appétit et n'attaquent généralement que les faibles, et, comme il faut bien faire un exemple, je l'avoue en ma qualité de chasseur, je les abandonne à la vindicte publique. Ils détruisent

Fig 4. — Bec-croisé

une énorme quantité de gibier de toute sorte, n'épargnent ni le Faisan, ni le Perdreau, et dévastent aussi bien le bois que la plaine. Pas de pitié pour eux! D'ailleurs, on a renoncé depuis longtemps, en France, à la grande fauconnerie et aux services que les oiseaux de proie pouvaient rendre dans ce genre de chasse si estimé autrefois, et beaucoup d'entre eux, lâches et

Fig. 5. — Gerfaut Sors, d'après Schlegel.

paresseux, rôdent autour des fermes pour enlever Poulets, Dindonneaux et Canetons. Quelques-uns s'établissent aux environs d'un colombier, et leur présence y répand l'effroi. Les Pigeons n'osent en sortir ou craignent d'y rentrer, et finissent par l'abandonner pour se réfugier chez le voisin. En un mot, les Rapaces diurnes, ces brigands des forêts et des plaines, font une concurrence trop facile au chasseur au moment où les petits Perdreaux viennent d'éclore.

Lorsqu'il sera question des Rapaces nobles, c'est ainsi qu'on

1.

désignait les oiseaux employés à la haute volerie, nous parlerons en détail de l'ancienne fauconnerie encore en usage en Hollande, en Russie, en Orient et dans certaines parties de l'Algérie. Nous démontrerons qu'il est possible de se donner sans dépense le plaisir d'avoir deux ou trois oiseaux de chasse; nous dirons la manière de les dresser et de les conduire. Les jeunes chasseurs qui ne peuvent encore suffire aux fatigues et aux dangers de la chasse au fusil trouveront une distraction nouvelle pour' notre époque dans la petite fauconnerie (vol de la Pie, du Geai, du Merle, de la Grive), pour laquelle on n'emploie que des oiseaux assez communs dans toute la France, l'Autour, l'Épervier, l'É-mérillon, le Hobereau et même la Pie-grièche.

Mais revenons à notre sujet, et signalons encore, comme oiseaux destructeurs et qu'on regarde comme nuisibles, les Pies, les Geais, les Corbeaux, qui cherchent les nids aussi bien dans les champs que sur les arbres, et qui mangent les œufs ou les couvées des autres oiseaux.

Après cet aveu, parlerons-nous de l'Aigle pêcheur, du Balbuzard, du Héron parmi les échassiers; et de quelques palmipèdes, le Pélican, le Cygne, les nombreuses espèces de Canards, le Fou, la Frégate, l'Hirondelle de mer, qui détruisent, dit-on, beaucoup de poissons? Mais la mer est inépuisable, et qui ne sait que les poissons font des millions d'œufs? On accuse même aussi de méfaits semblables le pauvre Martin-pêcheur! il est d'un si beau bleu, qu'il mérite bien quelques égards; et, d'ailleurs, quel tort peut-il faire?

Telle est à peu près l'énumération des dommages que causent les oiseaux; voyons maintenant si ces dommages ne sont pas compensés, et au d là, par de nombreux services, et si les oiseaux ne sont pas les agents providentiels, les seuls auxiliaires possibles qui puissent arrêter la multiplication si prodigieuse des insectes, fléaux bien plus grands des cultivateurs.

Dans la séance du 7 juin 1861, le Sénat a écouté avec intérêt le rapport d'un de ses membres, M. Boujean, sur diverses pétitions adressées par des comices agricoles, demandant que des mesures soient prises pour protéger l'existence et la propagation des oiseaux qui détruisent les insectes nuisibles à l'agriculture. Des réclamations nombreuses, à la suite d'observations qui ne laissaient aucun doute, avaient été faites depuis quelques années dans plusieurs contrées de l'Europe par des hommes considérables dans la science ou dans l'agriculture pratique, et au nombre desquels nous citerons MM. Isidore Geoffroy Saint-Hilaire, Florent Prévost, Chatel, Sacc, Kœchlin, Jonquières-Antonelle, Dumast, Gloger de Berlin, etc., etc.; mais ces réclamations avaient eu le sort de beaucoup de vérités senties et acceptées, mais bientôt oubliées avec une indifférence incroyable.

Nous voudrions pouvoir communiquer à nos lecteurs tout
le rapport de M. Boujean; malheureusement, les limites de
cette introduction ne nous permettent que la citation de quelques passages qui se rattachent
plus particulièrement au sujet
que nous traitons. « Ces pétitions, dit l'honorable rapporteur, ne sont point inspirées
par une sensibilité platonique
en faveur d'une classe d'êtres
vivants voués à une destruction que ne légitime pas, pour

Fig. 6. — Martin-pêcheur.

l'homme, la loi suprême de sa propre conservation; et, si elles vous demandent pour les oiseaux une protection plus effi-cace que celle résultant de la législation actuelle, c'est uniquement dans l'intérêt de l'agriculture, très-sérieusement menacée, si l'on continue à détruire les seuls auxiliaires qui puissent arrêter efficacement la propagation des insectes si nuisibles aux cultures de toutes sortes. » Le Blé et toutes les céréales, le Colza, les autres plantes crucifères, toutes les légumineuses, sont attaqués par d'innombrables espèces d'insectes, le Ver blanc (larve du Hanneton), les Courtilières, les Charançons, les Cécidomyes, etc., etc. La Vigne, préservée de l'oïdium, est ravagée par la Pyrale. Le Chêne, l'Orme, le Bouleau, les Pins, les Sapins, l'Olivier, sont minés par le Cerf-volant (Lucane) et quelques autres coléoptères xylophages et longicornes, par des mouches diptères (*Dacus oleæ*) et par un grand nombre d'insectes de tous les ordres.

« Ce que ces insectes ont épargné est-il au moins assuré au cultivateur? Non : une multitude de petits rongeurs, Mulots, Campagnols, Rats et Souris, après avoir vécu dans les champs, aux dépens de la récolte, pénètrent aussi dans la grange et y prélèvent une nouvelle dîme sur les gerbes appauvries.

« Qui pourrait calculer les pertes qui résultent de toutes ces causes réunies?

« D'après un calcul fondé sur des bases fournies par l'administration des contributions, les pertes attribuées aux larves des Cécidomyes et subies par les cultivateurs d'un seul de nos départements de l'est, s'élèvent à près de 4 millions de francs par an. Les dommages causés par la Pyrale dans vingt-trois communes du Mâconnais et du Beaujolais, représentant trois mille hectares de vignes, sont évaluées à plus de 5 millions de francs par an. Un des professeurs de l'ancien Institut agronomique de Versailles a constaté, d'après des expériences faites avec le plus grand soin, sur une récolte dépendant de cet établissement, que les insectes ont occasionné une perte de près de 55 pour 100.

« Dans la Prusse orientale, il a fallu abattre, il y a quatre ans, dans les forêts de l'État, plus de 24 millions de mètres cubes de Sapins, uniquement parce que ces arbres périssaient sous les attaques des insectes.

« Enfin, il y a déjà de longues années, les Scolytes ou les Bostrichés avaient tellement envahi la forêt de Tannesbuch, dans le département de la Roer, qu'un décret dut ordonner d'abattre la forêt et de brûler, sur place, les branches, racines et bruyères. »

Que ne pourrions-nous pas ajouter à ce tableau ! contentons-nous de rappeler le sort des arbres de nos promenades, et de dire que nous voyons souvent de semblables envahissements dans les forêts des environs de Paris.

Ces exemples, restreints à moins de la centième partie de la France et à quelques petites provinces allemandes, suffiront-ils pour convaincre nos législateurs ?

« Contre des ennemis le plus souvent imperceptibles et si nombreux, l'homme reste impuissant. Son génie peut mesurer le cours des astres, percer les montagnes, faire marcher un navire contre la tempête, tuer ou soumettre certaines races d'animaux; mais devant ces myriades d'insectes, qui, de tous les points de l'horizon, viennent s'abattre sur les champs cultivés avec tant de sueurs, sa force n'est que faiblesse. Son œil n'est pas assez perçant pour apercevoir seulement la plupart d'entre eux; sa main est trop lente pour les frapper; et, d'ailleurs, quand il les écraserait par millions, ils renaissent par milliards. D'en haut, d'en bas, à droite, à gauche, leurs innombrables légions se succèdent et se relayent sans trêve ni repos. Dans cette indestructible armée, qui marche à la conquête de l'œuvre de l'homme, chacun a son mois, son jour, sa saison, son arbre, sa plante : chacun connaît son poste de combat, et nul ne s'y trompe jamais.

« Dès le commencement des âges, l'homme eût succombé dans cette lutte inégale, si Dieu ne lui eût donné, dans l'oiseau, un auxiliaire puissant, un allié fidèle, qui s'acquitte à merveille de l'œuvre que lui, homme, ne saurait accomplir.

« Cette mission providentielle de l'oiseau a pu passer long-temps pour une exagération poétique; mais, aujourd'hui, c'est une des vérités les mieux démontrées de la science. »

Un savant modeste, n'ayant pour fortune qu'une humble place au Muséum, un homme remarquable par son esprit d'observation et une persévérance que les dédains des ignorants n'ont jamais rebuté, s'est livré, depuis bientôt quarante ans, à des recherches incessantes sur le régime alimentaire des oiseaux aux diverses époques de l'année, et ces recherches ont été entreprises uniquement sous l'inspiration du bien qui pouvait en résulter pour l'agriculture. M. Florent Prévost, dont nous voulons parler, est parvenu à constater, semaine par semaine, et presque jour par jour, le genre d'alimentation des oiseaux qui fréquentent nos climats. Il a examiné attentivement les débris trouvés dans l'estomac des espèces sédentaires et dans celui des espèces de passage pendant leur séjour en France; il s'est fait adresser par de nombreux correspondants des estomacs des mêmes oiseaux tués avant et après la migration. Ces observations, renouvelées tous les ans sur diverses espèces et sur dix ou douze individus de la même espèce, lui ont permis de constater dans quelle proportion chacune d'elles se nourrit de grains et d'insectes; quelles sont les espèces que préfère chaque oiseau; et, les plantes sur lesquelles vivent ces insectes étant connues, il lui fut facile de déterminer les espèces d'oiseaux qui les protégent en particulier. Ces observations, intéressantes pour l'agriculture, le sont à un autre titre pour l'histoire naturelle, car elles serviront probablement en partie à lever des doutes sur les causes réelles qui déterminent les oiseaux à changer annuellement de climat.

Qu'il nous soit permis, tout en citant encore quelques passages du rapport au Sénat, de présenter aussi le résumé des com-

munications qui nous ont été faites par M. Florent Prévost, et de
mettre nos lecteurs à même d'apprécier les immenses services
que nous rendent les oiseaux : un couple de Mésanges porte à
ses petits environ 300 chenilles par jour.

Les Fauvettes, les Rossignols, les Rouges-gorges et tous les
Becs-fins qu'on détruit en si grand nombre dans certaines loca-
lités de l'Est et du Midi, ne se nourrissent de préférence que de
Moucherons, de vermisseaux et de chenilles, et ce n'est, faut-il
dire, qu'à défaut de cette pâture que ces petits oiseaux se permettent de becqueter quelques fruits rouges, comme salaire de
leurs services et de leurs chants. Il n'y a pas jusqu'au Troglo-
dyte ou Petit Bœuf, le plus petit, avec le Roitelet, des oiseaux de
notre climat, qui ne vienne au secours de l'homme. On a compté
qu'une paire de ces charmants oiseaux fait en moyenne cinquante voyages par heure pour chercher la nourriture de la
nichée. Ces cinquante voyages donnent, par semaine, 4,200 insectes détruits, en ne supposant la journée que de douze heures.
Buxton, dans son *Histoire de la Pensylvanie*, dit que dans divers États d'Amérique on a si bien reconnu le parti qu'on peut
tirer des Troglodytes, qu'on cherche à les fixer près des habitations en mettant à leur disposition de petites boîtes en bois
bien couvertes de mousse et suspendues à des perches. Ils
adoptent ces nids artificiels pour y établir leur couvée.

L'Hirondelle, qui recherche nos habitations pour faire son
nid, nous débarrasse des mouches, des cousins, des araignées,
et, quand elle ne trouve pas dans le voisinage une nourriture suf-
fisante, elle s'éloigne d'un vol rapide, suit le cours des eaux,
rase les prairies, remonte d'un bond dans les airs, ramasse dans
son large bec les Moucherons qu'elle aperçoit à des distances
incroyables et rapporte d'un seul voyage une ample provision à
ses petits toujours affamés. En temps ordinaire, une Hirondelle
mange par jour un millier de petits insectes qui, s'ils avaient

vécu, en auraient produit plusieurs milliards par cinq ou six générations dans l'année. Pour protéger les Hirondelles, si utiles, et les préserver d'une destruction facile et certaine, il a fallu éveiller la superstition. Elles portent, a-t-on dit, bonheur aux maisons qu'elles choisissent pour la construction de leurs nids, et cela seul en sauve un grand nombre.

Le Martinet ne séjourne dans nos climats que pendant les quatre ou cinq mois les plus chauds de l'année, alors que l'air est envahi par des nuées de Moucherons qui y tourbillonnent sans cesse et dont la reproduction non entravée causerait des plaies comparables à celles qui ont si cruellement éprouvé l'Égypte

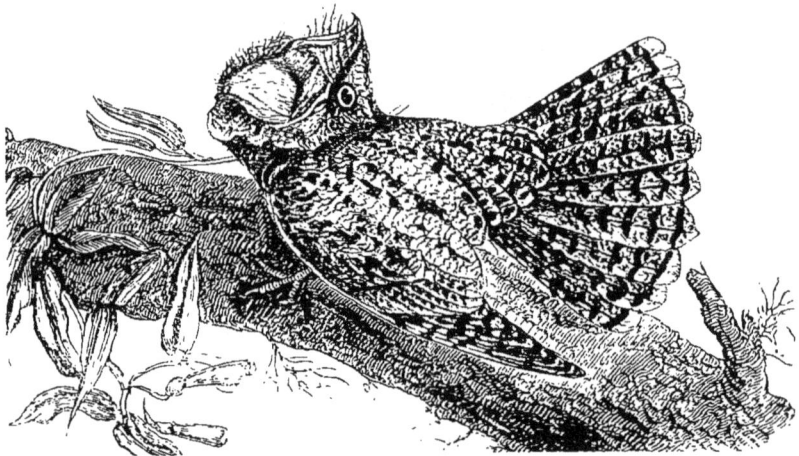

Fig. 7. — Engoulevent de la Caroline.

L'Engoulevent ne voyage qu'au crépuscule, et donne la chasse aux phalènes et aux insectes qui ne volent qu'après le coucher du soleil.

Le Coucou, exclusivement insectivore, se nourrit surtout de chenilles velues.

Le Pic, si décrié par ceux qui ont mal interprété ses manœuvres et le jugent d'après les préjugés et les fables d'autrefois, préserve les arbres des forêts; il ne recherche que ceux attaqués par les insectes xylophages et dont l'écorce ridée ou soulevée abrite des larves menaçantes. C'est à tort qu'on suppose qu'il entame le bois sain avec son bec; il ne lui sert réellement qu'à mettre en mouvement les larves de ces insectes perforants et à faire des trous dans le bois mort pour s'y loger ou y établir son nid. Il est très-facile de mal observer, et plus facile encore d'accréditer, comme vrai, un fait qui ne paraît que vraisemblable. Un Pic, placé dans une cage, fait tous les efforts possibles pour reprendre sa liberté, et il finit par entamer effectivement même du bois sain. Nous en avons fait l'expérience à Passy, dans notre volière, qui a d'assez belles dimensions cependant pour tempérer les regrets de la captivité (quinze mètres de longueur, avec une largeur et une hauteur proportionnées, des arbustes et même d'assez gros troncs d'arbres); trois jeunes Pics Épeiches, achetés au marché, ont été mis dans cette volière. La nourriture de leur goût ne leur manqua jamais. Un tronc d'orme vermoulu leur permettait d'exercer leur petite industrie avec succès. L'instinct de la liberté prit néanmoins le dessus, et nos prisonniers portèrent tous leurs efforts sur une poutrelle en bois de sapin de sept centimètres, qu'ils entamèrent tous les trois à la même place, de manière à laisser supposer qu'elle serait percée en moins d'une semaine, tant ils y mettaient de courage. Nous avons dû délivrer les captifs pour arrêter le dégât. Ce fait prouve ce que peut le besoin de la liberté, mais ne prouve pas qu'à l'état de nature ces oiseaux attaquent le bois sain sans aucune utilité pour eux. Parce qu'un Renard ou un animal quelconque, enfermés dans une caisse, entament le bois et parviennent en une nuit à faire un trou et à s'échapper, faudra-t-il en conclure que ce Renard ou ces animaux attaquent les arbres des forêts? Il en

est de même pour le Pic. On sait que cet oiseau met une grande
patience et une grande persistance pour s'emparer de la proie
qu'il convoite, et les manœuvres qu'il emploie sont très-intelli-
gentes; mais, pour les observateurs superficiels, elles sont considérées comme très-nuisibles aux arbres. Que se passe-t-il cependant? Un insecte s'est logé dans le tronc d'un arbre, il y a

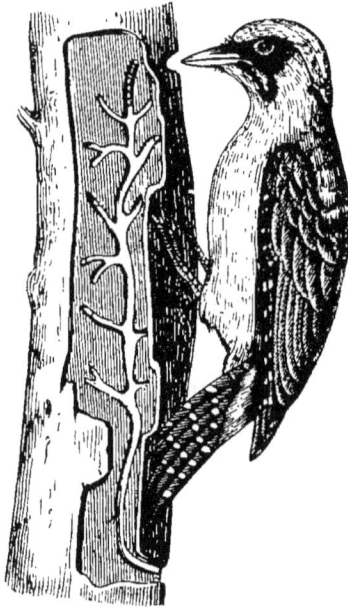

Fig. 8. — Pic vert.

percé un trou très-petit et d'a-
bord horizontal, puis il a chan-
gé de direction et a creusé une
galerie verticale de quelques
centimètres de longueur, lorsqu'un Pic, arrivant, reconnaît
la présence de l'insecte ou de
ses larves. A l'aide du bec, il
élargit le trou d'entrée, voit
bientôt l'impossibilité de saisir
l'insecte à cause du changement de direction de la galerie.
Il frappe le bois au-dessus du
trou, et le son résultant de ces
coups d'exploration lui indique
bientôt le point correspondant
au cul-de-sac de cette galerie.
Il attaque alors ce point par le
dehors, le perce plus ou moins
rapidement, et, s'il s'est trompé, il recommence plus haut ou
plus bas, jusqu'au moment où le succès couronne ses efforts.
Il est évident que, dans ce cas, le Pic attaque la partie saine encore du bois, mais qu'il ne l'attaque que parce qu'il y a à
prendre un insecte, dont les ravages, au bout d'un an, seraient
bien plus compromettants pour l'arbre que l'ouverture faite par
l'oiseau. Jamais un Pic ne perd son temps à percer le bois sans

motif, et les coups répétés qu'il donne avec son bec, et qu'on entend parfaitement et même de loin, n'ont d'autre but qu'une exploration bien innocente et qui n'a rien de nuisible pour les arbres. Aussi est-il certain que si, plus épargnés, les Pics et les Coucous osaient venir visiter ces vieux arbres des promenades et des boulevards de Paris, on ne serait pas réduit à faire à grands frais, depuis quelques années, la *toilette du condamné* à ces respectables plantations de nos pères.

Après la saison des grains et des fruits, qui n'a qu'une durée très-limitée, tous ces charmants maraudeurs, tous ces petits gourmands de fruits rouges, ne vivent que de vers, de larves et d'insectes; le Merle et la Grive les cherchent sous les feuilles, qu'ils retournent avec une grande habileté; ils purgent les jardins et les champs d'un grand nombre de Limaces.

Le Freux ou Corneille moissonneuse s'abat, en automne et en hiver, en troupes considérables sur les plaines menacées par les vers et surtout par le Ver blanc, et contribue ainsi à sauver une partie de la récolte.

Les Étourneaux, les Troupiales, passent une grande partie de leur vie sur les bestiaux qui pâturent et fument la terre; ils les débarrassent des parasites qui les tourmentent et les rendent malades.

Les Martins, ces oiseaux d'un autre climat, sont devenus célèbres par les services que rend à l'île Bourbon une espèce où elle a été transportée de l'Inde; elle défend les plantations de cette riche colonie contre les invasions si fréquentes des Sauterelles, véritable fléau pour les pays sur lesquels elles tombent serrées comme le ferait la grêle.

Parmi les échassiers, le Héron, la Grue, la Cigogne, ne sont pas moins utiles à l'homme; ils vivent autant de Reptiles, de Vers et de Rats d'eau que de Poissons. Le Balæniceps aux puissantes mâchoires, récemment découvert en Afrique, se nourrit de petits Crocodiles et d'animaux aussi nuisibles. La diminution du nombre des reptiles est un avantage peu sensible dans nos climats, où la Vipère seule est à redouter, les autres espèces n'étant ni nombreuses ni malfaisantes; mais il n'en est pas de même dans les contrées où un soleil ardent échauffe des forêts humides si favorables au développement des reptiles venimeux. Le Pluvier, le Vanneau, les diverses espèces de Chevaliers, de Barges, de Bécassines, etc., purgent les champs cultivés des larves et des Vers qu'ils y rencontrent.

Il est un préjugé qu'il faut combattre autant que possible; nous voulons parler de la guerre injuste qu'on fait aux oiseaux de nuit, Ducs, Chouettes, Hiboux, Effraies, qu'on accuse d'être de mauvais augure, d'avoir un cri lugubre et de voir pendant la nuit. Quel est le dommage qu'ils causent? Aucun. Quels services rendent-ils? Les voici. Leurs plumes, par leur texture et leur disposition, leur permettent de voler sans bruit; leurs yeux leur donnent la faculté de découvrir et d'atteindre, malgré l'obscurité, « dix fois mieux que les Chats et sans menacer comme ceux-ci le rôt et le fromage, » les Rats, les Mulots, les Campagnols, les Taupes, les Courtilières, les Sauterelles et tous ces maraudeurs nocturnes qu'il est si difficile de détruire, et qui mangent les grains et les racines. Des observa-

Fig. 9. — Effraie, d'après Gould.

tions nombreuses ne laissent aucun doute à cet égard, ces oiseaux ne vivent réellement que de vermine insaisissable pen-

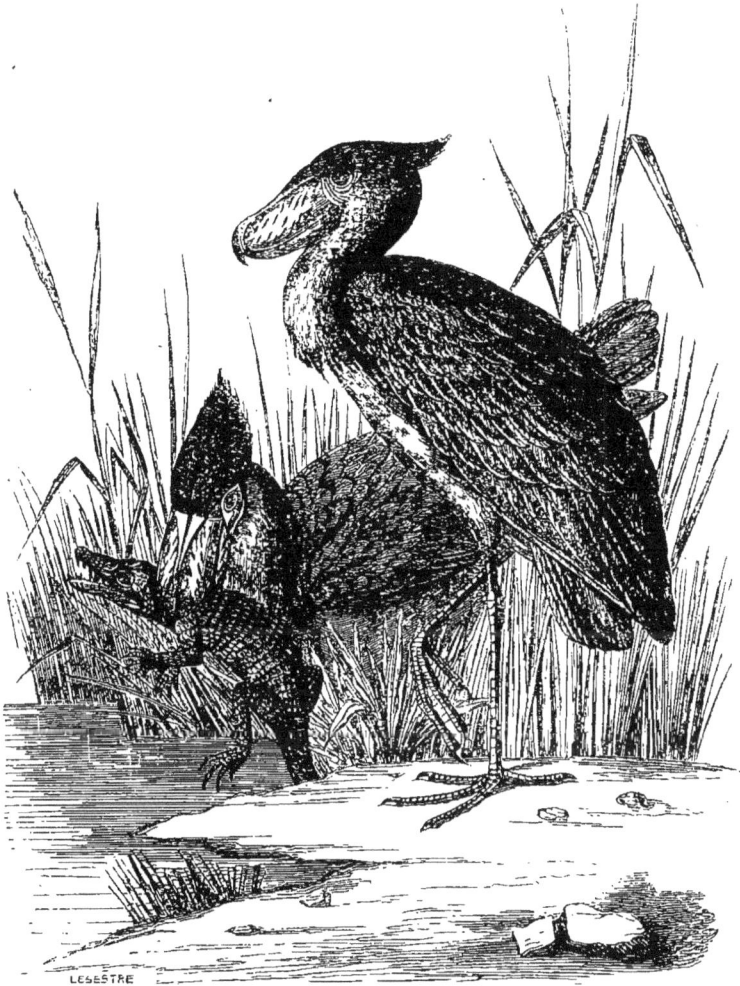

Fig. 10. — Balæniceps-roi, d'après Gould.

dant le jour; et, si parfois, après avoir purgé le sol et trop bien
rempli leurs fonctions, la disette ou la faim les obligent à faire

2.

violence à leurs goûts et à manger quelque menu gibier, faut-il les condamner à mort, les clouer comme un trophée à la porte des fermes, à côté d'un Renard, d'une Fouine ou d'une Belette? Il faut, pour agir ainsi, être bien superstitieux ou bien oublieux de ses intérêts.

Cet exposé des services que rendent les oiseaux n'est pas plus complet que celui que nous avons donné de leurs méfaits; mais, dans le cours de nos leçons et en faisant l'histoire de chaque espèce, nous ne négligerons aucune occasion de réclamer plus de justice et moins d'imprévoyante cruauté en faveur de ceux qui doivent être épargnés. « Et comme si ce n'était pas assez des hommes dans cette guerre d'extermination, voilà les enfants qui viennent y prendre part avec l'impitoyable insouciance de leur âge. « Cet âge est sans pitié, » a dit la Fontaine. Oh! oui, véritablement sans pitié sont ces enfants des campagnes, qui font l'école buissonnière pour aller *dénicher les nids,* comme ils disent. Les œufs et les jeunes couvées, tout leur est bon : n'ont-ils pas à briser les uns et à faire périr misérablement les autres de faim et de torture? Et les parents de ces jeunes drôles, au lieu de les renvoyer à l'école convenablement fustigés, assistent avec une froide indifférence à ces actes de cruauté. »

C'est avec intention que nous avons à peine parlé de l'oiseau le plus commun de notre pays, du Moineau, « de celui qui est le plus mal famé parmi les suspects, et qu'on a si souvent flétri comme un pillard effronté. Médisance, sinon calomnie! au moins en partie; car, dit le courageux rapporteur que nous nous plaisons à citer, si les faits mentionnés dans les pétitions adressées au Sénat sont exacts, cet oiseau citadin vaudrait mieux que sa réputation. On raconte, en effet, que sa tête ayant été mise à prix en Hongrie et dans le pays de Bade, cet intelligent proscrit avait abandonné complétement ces deux pays; mais bientôt on reconnut que lui seul pouvait soutenir la guerre contre les

Hannetons et les mille insectes ailés des basses terres; et ceux-là mêmes qui avaient établi des primes pour le détruire durent en établir de plus fortes pour en opérer le rapatriement. Ce fut double dépense, châtiment ordinaire des mesures précipitées.

Fig. 11. — Moineau commun.

Le grand Frédéric avait aussi déclaré la guerre aux Moineaux, qui ne respectaient pas son fruit favori, la Cerise. Naturellement les Moineaux ne songèrent point à résister au vainqueur de l'Autriche; ils disparurent; mais, au bout de deux ans, non-seulement il n'y eut plus de cerises, mais encore il n'y eut presque point d'autres fruits : les chenilles les mangeaient tous; et le grand roi, vainqueur sur tant de champs de bataille, s'estima heureux de signer la paix, au prix de quelques Cerises, avec les Moineaux réconciliés. »

Du reste, M. Florent Prévost a constaté que, suivant les circonstances, les insectes entrent pour moitié au moins, souvent dans une proportion beaucoup plus forte, dans le régime alimentaire du Moineau. « C'est exclusivement avec des insectes que cet oiseau nourrit sa couvée; en voici une preuve remarquable. A Paris, où cependant les débris de nos propres aliments fournissent au Moineau une nourriture abondante, qui semble devoir le dispenser des fatigues de la chasse, un couple de ces oiseaux ayant fait son nid sur une terrasse de la rue Vivienne, chez M. Ray, ancien négociant, on recueillit les parties dures des ailes de Hannetons, rejetées du nid; on compta 1,400 élytres : c'était donc 700 Hannetons détruits par un seul ménage, pour l'alimentation d'une seule couvée. »

D'autres observations faites à des époques différentes de l'année prouvent qu'un couple de Moineaux ayant des petits à nourrir détruit, pendant tout le temps où il les élève, plus de 3,000 chenilles par semaine, un grand nombre de papillons, de vers et d'autres insectes.

Nous pourrions multiplier ces citations à l'infini; et, si nous avouons que le Moineau mange annuellement plus d'un demi-boisseau de grains, il faut bien dire que cette perte n'est sensible que pour le cultivateur qui voudrait profiter des services de cet oiseau sans les payer, et qui ne réfléchit pas que, s'il lui abandonne un demi-boisseau de grains, ce n'est pas payer trop cher les dix ou douze boisseaux qui, sans lui, n'auraient pas été épargnés par les insectes et leur innombrable progéniture. C'est un serviteur avec lequel il faut compter comme on compte, dans la ferme, avec les autres serviteurs à gages, avec cette différence toutefois que le Moineau dont nous prenons la défense travaille pendant presque toute l'année, qu'il ne peut être remplacé, et que ses gages lui sont payés en nature.

En définitive, d'après ce que nous venons de dire du bien et du mal que font les oiseaux, et en comparant les services qu'ils rendent et les dommages qu'ils causent, il semble qu'il y a une assez large compensation, et qu'il vaut mieux encore, pour le cultivateur, faire le sacrifice du sac de grains que ces ouvriers peu discrets lui dérobent ostensiblement que risquer des pertes toujours plus considérables et occasionnées par des ennemis aussi nombreux qu'invisibles et insaisissables.

Les époques de migration des oiseaux sont l'occasion de la mort du plus grand nombre de ces précieux voyageurs, et quiconque a pu voir, surtout sur les marchés d'Italie, du midi et de l'est de la France, les millions de victimes qui s'y vendent chaque année, doit être étonné qu'il en reste encore. Est-il possible de sacrifier à la gourmandise plutôt qu'au besoin une des garanties de la récolte, et d'oublier que ces oiseaux, qui ne représentent que du superflu, auraient sauvé assez de grains pour nourrir un grand nombre de familles pendant une année? « Et cette misérable excuse de la sensualité satisfaite ne saurait même être invoquée par ces chasseurs qui, pour faire parade d'adresse, ou même simplement pour décharger leur arme avant de rentrer au logis, abattent une Hirondelle au vol rapide, une mère peut-être, qui porte la nourriture à sa jeune couvée. A ces hommes, si cruels par irréflexion n'est-il pas permis de faire observer qu'en détruisant cinq cents insectes dans cette journée que leur plomb meurtrier a faite la dernière pour elle, cette pauvre Hirondelle avait, certes, mieux mérité de l'humanité » qu'eux dans une journée de distraction?

Depuis longtemps on se plaint, avons-nous déjà dit, des pertes annuelles des cultivateurs, pertes attribuées par l'expérience à la multiplication des insectes de toutes sortes et à la destruction trop considérable des oiseaux qui s'en nourrissent. Ces plaintes, formulées dans tous les pays, sont restées longtemps sans résultat. Plusieurs conseils généraux, en France, ont à différentes reprises demandé une loi pour interdire ou réglementer plus sagement la chasse, ou une loi qui puisse être appliquée aux délinquants.

En 1854 un gouvernement, presque le plus petit de l'Europe, a enfin essayé d'entrer dans la voie de la répression à ce sujet; en effet, la principauté allemande de Schwarzbourg a donné l'exem-

ple, et une loi défend en particulier la chasse de la Mésange. Les
vœux des hommes préoccupés de l'utilité indispensable des oiseaux
à la conservation des récoltes paraissent à la veille de se réaliser.
Le rapport de M. Bonjean a eu assez de succès pour qu'il soit possible d'espérer qu'il ne sera point oublié par le ministre de l'a-
griculture et du commerce.

Nous venons de dire qu'il était indispensable de voir paraître
une loi qui puisse être appliquée aux délinquants, et le rapport
cité explique complétement notre pensée : « Si les officiers de
police, dit-il, n'exécutent pas toujours scrupuleusement la loi au
sujet des oiseleurs et des dénicheurs, cela peut tenir à la gravité
des peines édictées par les articles 9, 12 et 15 de la loi du
3 mai 1844. Ces peines s'élèvent de 16 fr. à 600 fr., et, en certains cas, à 2,000 fr., et peuvent entraîner un emprisonnement
de six jours à trois mois. Et, comme la contravention est le plus
souvent le fait d'enfants dont les parents sont civilement res-
ponsables, on ferme les yeux, pour ne pas exposer à une sorte de
ruine des parents dont le seul tort, après tout, est de tolérer des
faits que semblent légitimer de vieilles habitudes. En permettant
au juge d'abaisser la peine, une amende légère, augmentée des
frais, constituerait un avertissement paternel qui mettrait à l'aise
la conscience du juge, comme celle des officiers chargés de constater la contravention. »

Concluons, et disons que, si l'étude de l'histoire naturelle était
rendue plus facile, mieux mise à la portée de toutes les intelligen-
ces, on verrait disparaître un grand nombre de préjugés ridicules,
on saurait mieux distinguer, parmi les êtres qui nous entourent,
ceux qui nous sont dévoués et qu'il faut protéger, et ceux qu'il
ne faut pas épargner; et ce besoin de destruction si naturel à
l'homme ne s'étendrait pas aveuglément sur tant d'espèces utiles.

On fait trop de livres pour ceux qui savent et n'en ont pas besoin, ne pourrait-on en faire aussi quelques-uns pour ceux qui ne

savent pas, et qui, désireux cependant d'apprendre, ne peuvent
consacrer à une distraction attrayante et profitable qu'une partie
du temps qui les fait vivre?

Il y a quatorze ans déjà que j'exposais l'utilité de l'étude des
sciences naturelles en général, dans une lettre à madame Deles-
sert, à l'occasion d'un livre que j'avais l'honneur de lui dédier,
et je crois devoir en reproduire ici quelques passages :

L'étude de la nature, disais-je, ne peut qu'élever les pensées
de votre fille vers l'Auteur de toutes les merveilles de la création,
merveilles qu'elle appréciera d'autant plus qu'elle les connaîtra
mieux. Son esprit, son cœur et sa raison, trouveront beaucoup à
gagner dans ces douces occupations, qui, à part les avantages
réels qu'elle en retirera, auront encore le mérite de lui procurer,
pour le présent et l'avenir, des distractions toujours nouvelles,
les jouissances les plus pures, les plus indépendantes des circonstances et des temps, et les consolations les plus douces aux mal-
heurs qui pourraient la frapper.

En étudiant l'histoire naturelle, l'habitude qu'elle prendra
de classer dans son esprit un très-grand nombre d'idées est un
des résultats dont généralement on méconnaît l'importance, et
sur lequel j'insisterais si j'avais à vous prouver que l'étude de
cette science doit être considérée comme le complément de toute
bonne éducation.

L'histoire naturelle, nous disait un de nos maîtres, est la
science qui exige les méthodes les plus précises, comme la géo-
métrie est celle qui demande les raisonnements les plus rigou-
reux; et, dès qu'on possède bien cette habitude de la méthode, on
l'applique généralement à tout ce qui nous occupe. Toute recherche qui suppose un classement de faits, qui exige une distribution de matières, se fait d'après les mêmes lois, et tel qui n'avait
cru faire de cette science qu'un objet d'amusement, est surpris
de la facilité qu'elle lui procure pour débrouiller tous les genres

d'affaires. Enfin, c'est par l'étude, et particulièrement par celle
de l'histoire naturelle, dont les éléments se rencontrent partout
et à chaque pas, que, loin des plaisirs du monde, qu'on a si jus-
tement appelés les tyrans de la jeunesse, on peut encore trouver
des jouissances qui ne laissent aucun regret, ajouter de l'intérêt
à ses promenades et du charme à ses voyages.

C'est ainsi que l'histoire naturelle, même dans ce qu'on lui
trouve de plus frivole, réunit les plus heureuses conditions pour
développer l'esprit d'observation et l'esprit de méthode. Il faut que
cette étude de la nature soit d'un intérêt bien puissant et bien soutenu, pour se prêter aux besoins de l'intelligence à tous les âges;
car ce qui n'excite d'abord que l'active curiosité de l'enfant devient
un sujet sérieux de méditations pour l'âge mûr. « Il est inconce-
vable, disait Rollin, combien les enfants pourraient apprendre de
choses, si l'on savait profiter de toutes les occasions qu'eux-mêmes
nous en fournissent. Les impressions qu'ils reçoivent sont des
germes qui, loin de se perdre, n'attendent que le moment de se
développer. C'est ainsi qu'on pourrait façonner leur intelligence
si flexible aux idées vraies, grandes et élevées; qu'on éloignerait
de leur imagination, avide d'apprendre, le danger, plus grand
qu'on ne pense, des impressions fantastiques, des idées fausses,
qui les habituent à considérer comme réel ce qui ne peut exister,
qui mettent en opposition les sens avec la raison, la mémoire
avec la vérité, et finissent par donner à leurs pensées la direction
la plus funeste. » Tout en reconnaissant cette vérité exprimée
par les hommes les plus éminents et placés à la tête de l'instruc-
tion publique, on est étonné de voir que, parmi tant de personnes, qui d'ailleurs ont reçu une brillante éducation, il s'en
trouve si peu qui possèdent les plus simples notions d'une science
qui promet de si heureux résultats. Cet état de choses s'explique
par l'absence de livres vraiment élémentaires, ou écrits dans le
but de répandre le goût de la science et de charmer l'esprit et les

yeux par des tableaux gracieux de ce que possèdent nos riches
musées. En effet, les savants qui se décident à écrire supposent
trop souvent à leurs lecteurs les connaissances indispensables
pour l'intelligence de leurs travaux, et ils oublient, dès les premières pages de leurs éléments, le but qu'ils se proposent. Ils
masquent l'agrément de la science par une exposition effrayante
de l'instabilité des principes ou par des notions insuffisantes.
Enfin, s'il existe quelques ouvrages destinés à la lecture du jeune
âge et dans lesquels on a voulu donner aux enfants des notions
plus ou moins exactes sur l'histoire naturelle, en se bornant à
leur présenter sans suite et sans méthode les richesses infinies
de la nature et la puissance du Créateur, ces livres n'intéressent
que les enfants, et font désirer plus tard un ouvrage vraiment
instructif, dans lequel la science, mise à la portée d'une intelligence complétement développée, mais débarrassée encore de ces
grands mots trop multipliés et qui la surchargent, soit présentée
d'une manière assez séduisante pour captiver l'attention et exciter la curiosité.

Par quelle singularité n'existe-t-il, sur un sujet que tout le
monde voudrait connaître, que des livres qu'on ne peut comprendre sans une étude sérieuse? Le langage scientifique est sans
doute indispensable aux savants; mais il faut, pour ceux qui
n'ont pas la prétention de l'être, un langage à leur portée. « La
nature est si riche et si belle, disait une jeune dame, on a tant de
plaisir à l'admirer! Il semble que dans l'étude de tant de merveilles on va trouver ce qu'il peut y avoir de plus agréable pour
l'esprit. On ouvre un livre, et l'on n'y rencontre qu'un assem-
blage de mots barbares qu'on dit formés du grec ou du latin;
quelques-uns mêmes, ajoute-t-on, ont une origine équivoque, et
l'on ne sait trop à quel idiome sauvage ils appartiennent. Suis-je
Grecque, Latine ou Sauvage, pour comprendre ces mots, ou
faut-il que je le devienne pour savoir ce que c'est qu'un insecte,

un coquillage ou un oiseau? Comment se fait-il que tant de gens d'esprit n'aient pas pu trouver dans notre langue un mot qui valût autant qu'un mot grec et que j'aurais compris sans peine? »

Ces exigences sont certainement exagérées, et il est impossible d'éviter un grand nombre de mots composés; mais, il faut bien le dire, généralement les traités d'histoire naturelle, par l'emploi exclusif et la multiplicité des mots techniques, sont généralement inabordables pour les gens du monde. Les mots ne se gravent dans la mémoire qu'autant qu'ils représentent une idée; et les auteurs ne prennent pas la peine de donner l'explication de ceux qu'ils sont forcés d'employer dans le langage scientifique, et dont l'étymologie est souvent incertaine. Aussi n'hésite-t-on pas à exclure les livres de science de ses lectures habituelles et à leur préférer ceux où toutes les formes de séduction sont employées, quoiqu'il soit bien reconnu que ces derniers ont trop souvent le désavantage d'égarer l'imagination, de fausser les idées et de ne laisser à l'esprit aucune impression utile.

Cependant, sans vouloir devenir savant naturaliste, on doit et l'on peut facilement acquérir les connaissances qui se lient à divers besoins, à l'agriculture, aux arts, à l'industrie; on doit avoir certaines notions sur les animaux qui nous étonnent par leurs formes et leur instinct, sur les diverses productions qui nous entourent, sur la constitution du globe et sur les révolutions qui ont laissé, dans les couches qui le composent, tant de témoins de ses divers âges.

Buffon l'avait bien compris, lui dont le nom si populaire vient à l'esprit dès qu'il est question d'une science dont il révéla tout le charme par un style brillant, harmonieux et varié comme les sujets qu'il décrit. Aussi son histoire naturelle n'a-t-elle pas été écrite pour les savants; et ses travaux, promptement et universellement appréciés et lus, ont-ils eu un succès aussi prodigieux

que soutenu; ils ont fait aimer la science, et valu à l'auteur
le titre bien mérité de peintre de la nature. Buffon, malheureusement, connaissait à peine le quart des espèces que nous possé-
dons aujourd'hui, et, si les travaux entrepris pour compléter son
œuvre ne présentent pas tous l'élégance ni l'attrait du modèle,
il en est cependant quelques-uns qui méritent d'être cités.
Sans vouloir faire l'histoire de l'ornithologie, nous saisirons cette
occasion pour faire connaître quelques beaux ouvrages, et surtout
les voyageurs qui, par leurs découvertes, ont bien mérité de la
science.

Avec le dix-neuvième siècle, l'amour des voyages et des explorations scientifiques s'est considérablement développé. On a
compris que, pour donner à la science tout l'attrait qui la fait
aimer, il fallait autre chose que des dépouilles inertes à nom-
mer et à classer méthodiquement. Le plus savant naturaliste
qui n'a à sa disposition que des peaux ou des squelettes d'animaux apportés des diverses parties du monde ne peut, en effet,
que les classer et les décrire; il peut, par analogie, supposer des
instincts et des habitudes, mais la voie est glissante, et son imagination le met souvent en défaut. D'ailleurs, les détails les plus
intéressants lui échappent, et il ne peut toujours les déduire des
formes qu'il a sous les yeux. Il est un autre genre d'étude beaucoup plus profitable à la science : c'est l'observation sur place, la
nature prise sur le fait. Pour atteindre ce but, il faut que des
hommes déjà initiés, intelligents, courageux et dévoués, se décident à renoncer au bonheur de la famille, et à se lancer dans
tous les hasards et tous les dangers d'une existence aventu-
reuse, mais souvent pleine de charme pour celui qui a le feu
sacré.

Cook et Forster, vers la fin du dix-huitième siècle, avaient
donné l'exemple et payé largement et cruellement leur tribut.
L'intérêt qui s'attacha à l'histoire de leurs voyages et de leurs

découvertes fit naître l'idée de nouvelles explorations des régions encore peu connues, et, l'impulsion donnée, plusieurs voyageurs, sans missions officielles, et inspirés seulement par le désir de voir, d'apprendre et de faire à leur tour des découvertes, se sont expatriés et ont été s'établir pour un temps plus ou moins long sur une terre de leur choix. Pour ne parler ici que des voyageurs qui se sont occupés spécialement des oiseaux, nous citerons d'abord l'Écossais Wilson, qui, après avoir mis sa vocation à l'épreuve et tenté sans succès la fortune en essayant de plusieurs états, se décide à parcourir l'Amérique du Nord pour étudier, observer, décrire et rapporter en Angleterre les oiseaux qu'il pourra se procurer dans l'immense moitié du nouveau monde. Il ne fut arrêté ni par les fatigues ni par les dangers qu'il courut souvent, et revint vers 1804 en Europe avec de précieuses collections et des notes plus précieuses encore. Mais, usé par l'ardeur de ses recherches, il mourut en 1813, à l'âge de quarante-huit ans, après avoir fait imprimer la relation de son audacieux voyage et publié ses dessins, ses descriptions et ses observations si nombreuses et si intéressantes.

Malgré le zèle et la persévérance de Wilson, son travail présentait d'assez nombreuses lacunes, et il était réservé à Audubon de le compléter.

Audubon, à la différence de Wilson, avait de la fortune, et son voyage fut entrepris dans de bonnes conditions. C'est de son comptoir américain que, cédant à une irrésistible vocation, il abandonna ses affaires pour l'étude de la nature. Il explique son goût et sa passion pour l'étude des oiseaux par une prédestination divine. « Avec quelle ferveur je rends grâce au Tout-Puissant qui m'a appelé à l'existence ! avec quelle ardeur je poursuis la mission qu'il m'a confiée ! »

Voulant que l'exactitude de ses figures répondit à celle de ses descriptions, Audubon dessina ses oiseaux de grandeur naturelle,

Fig. 12. — Merle polyglotte, d'après Audubon.

depuis le Condor et le Pélican jusqu'aux plus petites espèces, et il les fit graver avec un luxe extraordinaire; aussi le format de ses planches atteint-il les dimensions énormes du grand ouvrage sur l'Égypte. Ses descriptions sont, comme il le dit lui-même, la biographie des oiseaux, et il fait connaître dans les plus minutieux détails leurs mœurs et leurs habitudes.

La publication de cet important ouvrage dura douze ans, de 1827 à 1839. C'est, comme le dit Cuvier, le plus gigantesque, le plus magnifique monument élevé à la nature. On y trouve de nombreux renseignements sur l'acclimatation et la domestication des oiseaux qu'il serait avantageux d'importer en Europe; et, pour n'en citer qu'un exemple, nous reproduirons ce qu'il dit au sujet de l'Oie du Canada. « Aussi pensai-je que, dans cette espèce comme dans beaucoup d'autres, il faut une longue série d'années pour dompter la nature et lui faire oublier ses besoins natifs et ses instincts d'indépendance. Combien d'essais, dont le résultat devait être avantageux à l'homme, ont été abandonnés en désespoir de cause, alors que quelques années de plus de soins persévérants eussent produit l'effet désiré! »

Audubon avait à peine terminé son immense publication, qu'un savant anglais, John Gould, entraîné dans la même voie, fit paraître à Londres de magnifiques ouvrages in-folio sur les oiseaux des Indes orientales et en particulier sur ceux de l'Himalaya, puis après sur les Toucans et les Couroucous, et enfin sur les oiseaux d'Europe. Aussi bon observateur, mais plus habile que ses devanciers, comme peintre d'histoire naturelle, Gould a, le premier, représenté des animaux réellement vivants et saisis sur nature mieux qu'on ne le pourrait faire à l'aide de la photographie. Il a surmonté toutes les difficultés, rien n'a échappé au coup d'œil du naturaliste, tout a été rendu par le pinceau de l'artiste, et l'on peut étudier les oiseaux qu'il décrit aussi bien que sur la nature même. L'exactitude des formes, celle de la pose et de la couleur, ne laissent rien à désirer. De tels ouvrages peuvent remplacer une collection et devraient se trouver dans toutes les bibliothèques des villes où l'on s'occupe de science et d'art. Les figures que nous reproduisons, aussi exactement que le comporte le format que nous avons adopté, ne peuvent en donner qu'une idée fort incomplète.

Fig. 15. — Thalassidrome de Wilson, d'après Gould.

Après ces premières publications, qui eurent un grand succès, Gould se rendit en Australie, et explora pendant plusieurs années, en peintre naturaliste, une grande partie de ce vaste pays, si riche en types nouveaux, et revint en Angleterre avec des collections considérables et des études aussi nombreuses que précieuses. C'est à cet infatigable voyageur qu'on doit la découverte de la plus grande partie des espèces de Mammifères Marsupiaux et d'oiseaux de la Nouvelle-Hollande. Encouragé par les plus brillants succès, il a fait paraître, depuis son retour, les travaux les plus merveilleusement exécutés que nous possédions sur les oiseaux d'Australie et sur les Oiseaux-mouches, si remarquables par la richesse, la variété et la vivacité de leurs couleurs. Rien ne manque à ses descriptions, et il a soin de donner toutes ses observations sur les mœurs et les habitudes des animaux qu'il fait connaître. On peut l'imiter, s'inspirer de ses ravissants tableaux, mais il est impossible de faire mieux que lui, et ses peintures resteront comme des modèles offerts aux peintres d'histoire naturelle de tous les pays.

Après avoir rendu justice à quelques voyageurs naturalistes étrangers, nous devons au moins citer les voyageurs français qui ont concouru aux progrès de l'ornithologie. Ce sont surtout Levaillant, Delalande, Leschenault, Quoy, Gaimard, Lesson, Dussumier, d'Orbigny, Jules et Édouard Verreaux, Goudot, Quartin-Dillon, Hombron, Souleyet, Jacquinot, Castelnau, etc., etc. Parmi tous ces hommes dévoués à la science, nous signalerons Jules Verreaux, comme le type du voyageur naturaliste. C'est sous les auspices de Delalande, son oncle, qu'il débuta, en 1818, bien jeune encore, dans la carrière si pénible des découvertes scientifiques, par un voyage au cap de Bonne-Espérance. Pendant un séjour de deux ans dans l'Afrique australe, il prépara et classa tous les animaux dont Delalande enrichit les galeries du Muséum de Paris. Rentré en France, il y passa quelques années seulement, et, dominé par son goût pour l'étude de la zoologie, il partit de nouveau pour le Cap. Après cinq années d'excursions dans l'intérieur de l'Afrique, il avait recueilli des collections si considérables, qu'il dut faire venir de Paris un de ses frères, Édouard Verreaux, pour qu'il l'aidât à les mettre en ordre et qu'il en surveillât le transport en France. C'est en 1850 que ces richesses scientifiques arrivèrent à Paris et furent expo-

sées dans une galerie de l'hôtel de M. le baron Benjamin Deles-
sert, le protecteur si éclairé des savants et des voyageurs naturalistes. On se souvient encore de la sensation que produisit
cette exposition d'animaux pour la plupart inconnus et recueil-
lis par de simples particuliers abandonnés à leurs seules ressources.

Fig. 14. — Sphénisque ondine, d'après Gould.

Ce fut un encouragement pour les deux frères, qui voulurent
explorer de nouveaux pays. Repartis en 1852, ils visitèrent ensemble la Chine, la Cochinchine et les îles Philippines. Malheureusement, les précieux résultats de ces voyages furent perdus :
le navire le *Lucullus*, qui les rapportait, périt corps et biens.
Ce fut seulement à leur retour en France que ces intrépides
voyageurs connurent le désastre qui les frappait.

Le découragement ne fut pas de longue durée; Jules Verreaux,
mûri par l'expérience, pouvait encore payer quelque tribut à la

science. Il se prépara à de nouveaux voyages, et n'épargna rien pour en assurer le succès. Stimulé par les collections si curieuses et si intéressantes rapportées de la Nouvelle-Hollande par John Gould, dont nous avons parlé, c'est vers cette terre, incomplétement explorée, qu'il se dirigea, après avoir reçu une mission spéciale de l'administration du Muséum de Paris. Ce voyage eut les plus heureux résultats pour la zoologie, et les galeries de ce magnifique établissement s'enrichirent d'un grand nombre de types nouveaux. Jules Verreaux rapporta en même temps un journal de voyage d'une grande importance par les observations qu'il contient; mais il ne peut encore se consoler de la perte de ses collections du sud de l'Afrique et de ses notes englouties avec les épaves du *Lucullus*. Depuis son retour, ses regrets se renouvellent chaque jour, car il s'occupe de la mise en ordre de de toutes ses observations sur les animaux qu'il a étudiés vivants et sur place, et dont la publication sera d'un intérêt immense pour la zoologie. Le prince Charles Bonaparte avait apprécié les vastes connaissances de Jules Verreaux et la confiance que les ornithologistes accordent à ses déterminations spécifiques, car il l'appela à la collaboration du *Conspectus Avium*, et la seconde édition de cet ouvrage, resté malheureusement incomplet, devait être publiée au nom des deux éminents naturalistes.

Parmi les ouvrages importants publiés sur les oiseaux, nous devons citer le *Genera of Birds* de Gray, le savant directeur du British Museum; la *Faune du Japon* et la *Fauconnerie* de Schlegel; l'*Iconographie* de Desmurs, notre collaborateur; les *Mémoires de la Société zoologique* de Londres; les *Illustrations zoologiques* de Swainson et celles de Smith; les belles planches du *Journal* de Sclater, l'*Ibis*; le *Voyage en Amérique* d'Alcide d'Orbigny; les divers *Voyages autour du monde* publiés par les commandants et les médecins de notre marine; l'*Histoire des Paradisiers et des Oiseaux-mouches* de Lesson,

celle des *Pics* de Malherbe, et enfin les *Suites aux Planches
coloriées de Buffon* par Temminck et Laugier. Cet exposé déjà
bien long nous oblige cependant à dire quelques mots de deux
ouvrages qui ont eu un succès bien mérité : le *Monde des Oiseaux* ou *Ornithologie passionnelle* de Toussenel, et l'*Oiseau*
de Michelet.

Fig. 15. — Poëphile admirable, d'après Gould.

Toussenel, le plus spirituel et le plus logique peut-être des
élèves de Fourrier, a créé tout un système nouveau sous le
titre d'*Ornithologie passionnelle*. Cet ouvrage est en effet
un traité sérieux qui, sous une apparence de frivolité plus ou
moins piquante et avec un mélange d'idées plus ou moins para-

doxales, n'en renferme pas moins ce qui a été dit jusqu'à présent de plus vrai et de plus nouveau sur cette classe de vertébrés.

C'est au moyen de l'étude des mœurs, qui doivent servir de base à une classification véritablement conforme aux principes de l'analogie passionnelle, que Toussenel, partisan, comme nous, Buffon et Geoffroy Saint-Hilaire, de l'unité de composition, a voulu arriver à coordonner sûrement et définitivement la classe entière des oiseaux. Mais son point de départ est différent de celui de la plupart des naturalistes qui l'ont précédé.

Deux systèmes se présentent en fait de classification : procéder du composé au simple, c'est-à-dire du plus parfait au moins parfait, ou du simple au composé.

C'est le premier mode qu'ont suivi presque tous les ornithologistes; seulement les uns, et c'est le plus grand nombre, ont considéré les oiseaux de proie, ou Rapaces, comme les plus parfaits; les autres, en plus petit nombre, ont donné le premier rang aux Perroquets.

Toussenel, lui, s'est attaché exclusivement à l'autre mode. Il a donc pris d'abord l'ensemble de la classe des oiseaux, dans l'ordre selon lequel chaque groupe a dû être créé relativement au milieu dans lequel il avait à vivre et à se mouvoir. Or, notre planète ayant été enveloppée d'eau avant l'émersion des parties terreuses ou terrestres, c'est par les oiseaux d'eau que sa raison lui dit de commencer la série, contrairement aux errements suivis jusqu'à ce jour, car l'analogie passionnelle n'exclut pas la raison, quoique l'amour en soit le génie, comme le prétend l'auteur du monde des oiseaux.

Nous dirons cependant que la doctrine de Toussenel est fatalement celle de tout homme intelligent ouvrant son esprit à une science qu'il se prend à étudier pour la première fois. Amant passionné de la nature par ses instincts et par ses habitudes, il

entre d'un bond et de plain-pied dans une voie glissante. Il croit
ne voir en ornithologie que désordre alors seulement qu'il y a
désaccord entre ses idées et celles des méthodistes qui l'ont précédé, et il essaye de rétablir, à sa manière, l'harmonie dans ces
éléments un peu étrangers pour lui, sans se douter que bien
d'autres ont fait le même rêve, et ont cherché, avec plus ou
moins de succès ou de bonheur, à le réaliser.

L'histoire naturelle, en effet, au point de vue de la classification, n'a jamais été, après tout, qu'une science de rapports; or
qui dit rapport dit aussi analogie. C'est donc sous l'influence
d'un esprit des analogies plus ou moins bien entrevues qu'ont
procédé les naturalistes anciens et modernes. Les uns ont, en
conséquence, consulté les analogies anatomiques, organiques ou
physiologiques; les autres les analogies de mœurs, de nourriture,
de nidification, et d'éducation des petits chez les animaux de
chaque classe, voire même les analogies du *produit ovarien*
chez les oiseaux.

Il est évident que ces derniers se sont trouvés beaucoup
plus près de l'*analogie passionnelle* qu'aucun de leurs émules,
quoiqu'ils n'aient pas créé le mot. Mais il faut convenir que, si
Toussenel n'a pas inventé la chose, il a fondé et assis sur une
base plus certaine la science des analogies, et, on peut le dire
hardiment, il a, sous une apparence de frivolité, ouvert une
voie nouvelle à l'étude de l'histoire naturelle.

Ce que nous venons de dire du livre de Toussenel peut s'appliquer en partie à celui de Michelet. L'éminent professeur, habitué
à peindre l'histoire en traits de feu, sentit un jour le besoin de
se reposer de ses rudes labeurs; mais ce repos ne pouvait être
stérile. Son esprit observateur, ses souvenirs, ses conversations
ou ses lectures du soir, et, comme il le dit lui-même, ses impressions, et bien certainement une tendance toute naturelle, fixèrent
le choix du sujet, « qui devait être une heureuse et charmante

transition de la pensée nationale à celle de la nature. » Toute l'histoire naturelle apparut alors à Michelet comme une branche de la politique. Il traite l'oiseau en historien, et les questions intéressantes qu'il aborde nous ont valu un charmant livre. La tâche de l'écrivain est admirablement remplie, mais il reste celle plus difficile peut-être du naturaliste. Il le reconnaît lorsqu'il dit, en parlant de la richesse des collections de notre Muséum et des impressions du visiteur qui les admire : « En face de cette énorme énigme, de cet immense hiéroglyphe, il se tiendrait heureux s'il pouvait lire un caractère, épeler une lettre. Au lieu de cela, ceux qui traversent cet océan d'objets inconnus, incompris, s'en vont fatigués et tristes. » En effet, comment se rendre compte des rapports qui existent entre tant d'animaux aux formes et aux couleurs variées à l'infini ? C'est cette satisfaction que nous désirons donner à l'esprit en faisant l'histoire des oiseaux au point de vue du naturaliste; c'est cet hiéroglyphe qu'on lira facilement, si l'on veut prendre la peine d'étudier pendant quelques instants seulement les caractères d'un alphabet aussi simple mais plus imagé que celui qu'apprennent les enfants. Les généralités et les détails d'organisation par lesquels il faut commencer ne manquent pas d'intérêt, mais ils plaisent moins que les détails de mœurs; cependant il faut connaître les uns pour mieux comprendre les autres, et, si dès les premiers pas la route semble nécessiter quelques efforts, un peu de persévérance permettra d'arriver au point où l'on ne rencontrera plus que les compensations les plus attrayantes.

PREMIÈRE LEÇON

Organes actifs et passifs du mouvement.

———

Les corps organisés animaux forment quatre grandes divisions ou embranchements, qui représentent les quatre plans principaux d'organisation d'après lesquels tous les animaux semblent avoir été modelés :

La première de ces divisions est celle des Vertébrés; elle comprend tous les animaux mammifères, oiseaux, reptiles, poissons, qui ont une charpente osseuse intérieure composée d'un plus ou moins grand nombre de pièces solides, liées les unes aux autres, et cependant mobiles à l'aide d'articulations; les plus importantes, celles qui protégent les centres nerveux, sont connues sous le nom de vertèbres, et l'ensemble de ces pièces est désigné sous le nom de squelette.

La seconde division est celle des Mollusques. Ce sont des animaux mous et comme gélatineux, revêtus d'une peau contractile, et le plus souvent d'un test calcaire ou coquille qui leur offre abri et protection.

Le troisième type est celui des Annelés. Les animaux qui le représentent ont le corps divisé par des plis transverses ou anneaux durs ou mous, servant de points d'insertion à des muscles nombreux. Ces anneaux, placés à la suite les uns des autres, sont articulés entre eux et forment une sorte de gaîne ou d'étui contenant les parties molles, et remplissant les fonctions analogues à celles du squelette des Vertébrés et de la peau ou du test calcaire des mollusques.

Enfin le quatrième type que présentent les animaux est fourni par les Zoophytes, qui, s'éloignant des formes animales pour se rapprocher de celles des végétaux, offrent à peine l'apparence de la vie, et dont les organes sont disposés en rayons divergents d'un point central.

L'organisation particulière des oiseaux les place au second rang parmi les animaux vertébrés, et les sépare complétement des autres animaux de la même série ou embranchement.

Ils ont, comme les mammifères, qui occupent le premier rang et dont ils se distinguent par l'absence de mamelles et un mode particulier de reproduction, ils ont, disons-nous, un cœur à deux ventricules et le sang chaud, conditions qui ne se retrouvent plus chez les reptiles, qui forment la troisième classe, ni chez les poissons, qui sont à la quatrième et dernière de la série.

Les caractères principaux de la deuxième classe, dont nous avons à nous occuper et qui comprend tous les oiseaux, sont : une reproduction ovipare extra-utérine ; des poumons sans lobes ; une circulation double à sang chaud ; une peau couverte de plumes ; un bec corné, dont la forme varie suivant le régime propre à chaque espèce ; des cavités aériennes qui leur donnent une grande légèreté spécifique, en permettant l'introduction de l'air, non-seulement dans les poumons, mais aussi dans diverses parties du corps et même dans l'intérieur des os.

Le caractère le plus évident, et il n'est pas le moins certain, est fourni par les plumes qui couvrent le corps des oiseaux. Nous pourrions ajouter que les membres antérieurs des animaux de

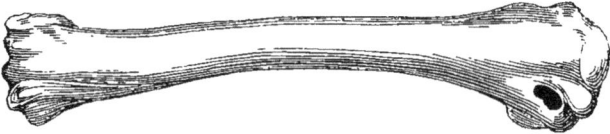

Fig. 16. — Humérus de Pélican et son ouverture pour le passage de l'air.

cette classe sont, à quelques exceptions près, toujours allongés et disposés pour la locomotion dans l'air ou le vol, mais une

Fig. 17. — Aile de rapace.

disposition analogue existe chez quelques mammifères (Chauve-Souris), et ce caractère perd ici par cela même de sa valeur.

Nous n'avons pas l'intention d'entrer dans de minutieux détails sur l'anatomie et la physiologie des oiseaux. Nous devons cependant nous occuper de la description des parties du corps qu'il est important de connaître pour avoir une idée exacte de l'organisation particulière et si intéressante de ces animaux. Commençons par le squelette.

4.

ORGANES PASSIFS DU MOUVEMENT, OU SQUELETTE.

Le squelette des oiseaux, comparé à celui des mammifères, des reptiles et des poissons, se trouve modifié en raison de la prédominance excessive de la respiration qui fait parvenir de l'air

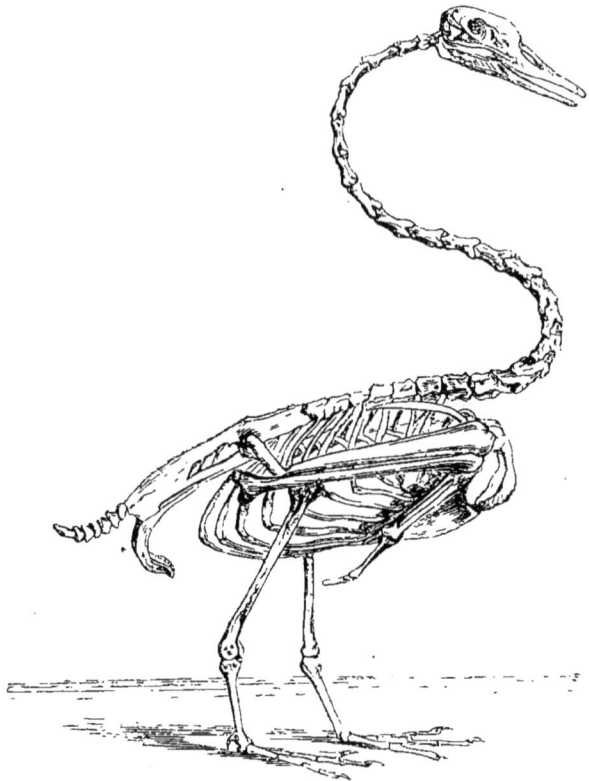

Fig. 18. — Squelette de Cygne.

dans diverses parties du corps et même à l'intérieur des os. Les os principaux sont généralement celluleux et légers; ceux des membres surtout, sans que cela nuise beaucoup à leur solidité, sont minces, creux, et organisés pour recevoir de l'air et non du tissu médullaire.

Cependant, chez les jeunes oiseaux qui ne peuvent encore voler, les os sont plus pleins; et il en est de même chez les oiseaux coureurs, qui n'ont que des ailes rudimentaires.

LA TÊTE.

La tête de l'oiseau représente, comme dans tous les animaux, une boîte osseuse, dont toutes les parties se soudent générale-

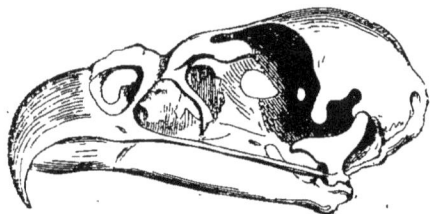

Fig. 19. — Aigle.

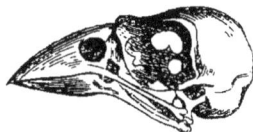

Fig. 20. — Moineau commun.

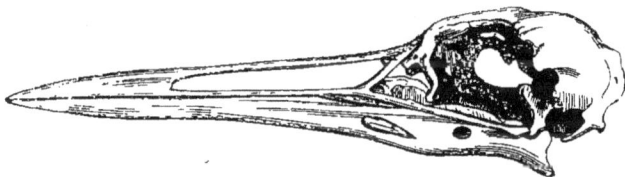

Fig. 21 — Grue.

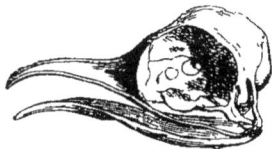

Fig. 22. — Engoulevent.

Fig. 25. — Oie commune.

ment de très-bonne heure; l'Autruche présente cependant une exception, et les divers os de sa tête se soudent assez lentement.

Le crâne, arrondi en arrière, aplati en dessous, légèrement déprimé en dessus et sur les côtés, est anguleux et très-prolongé

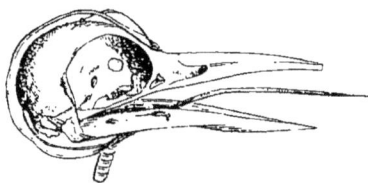

Fig. 24. — Pic

Fig. 25. — Cormoran.

en avant. Les os dont il est formé sont plats, articulés par des sutures peu profondes, et qui s'effacent promptement avec l'âge; on reconnaît aisément, en arrière, l'occipital, à la base duquel est ouvert le trou ovale pour le passage de la moelle allongée ou épinière.

Toutefois la forme du crâne varie singulièrement. Il y a des différences considérables entre le crâne allongé des gallinacés et des Oies, celui plus arrondi des Grues, celui également arrondi, mais plus large, des oiseaux de proie, et le crâne extrêmement large et aplati de l'Engoulevent.

La surface extérieure du crâne présente aussi quelques différences : d'ordinaire elle est parfaitement unie; mais quelquefois le frontal offre les empreintes de grosses glandes au bord des orbites; parfois l'occiput et la partie moyenne de la tête sont hérissés de fortes crêtes osseuses, destinées à l'insertion des muscles; enfin les extrémités des plumes de la tête laissent quelquefois leur empreinte à la surface du crâne, ainsi que les branches hyoïdiennes qui la parcourent, ce qui n'est, chez aucun oiseau, plus frappant que chez les Pics. L'os hyoïde, mince, délié, et destiné, comme dans les autres animaux, à soutenir la base de la langue, est situé entre les deux branches du maxillaire inférieur. L'occiput offre encore un fait remarquable, c'est l'existence d'une épine osseuse mobile, qui n'a encore été observée que chez le Cormoran.

La face est formée en grande partie par le bec, qui est généralement très-développé, mais dont la forme varie à l'infini suivant la nature des aliments que chaque oiseau préfère et qu'il doit saisir; car le bec est, chez ces animaux, l'organe le plus souvent unique de préhension. Il n'en est qu'un petit nombre qui puissent saisir leur nourriture avec les pattes, et un nombre moins grand encore qui, après l'avoir saisie avec les pattes, puissent la porter au bec.

Fig. 26. — Faucon.

Fig. 27. — Harle.

Fig. 28. — Ara.

Fig. 29 — Pleiodus

Le bec est composé de deux mâchoires osseuses couvertes d'une gaîne cornée parfaitement moulée sur les os, et remplaçant les dents des autres animaux. La dureté de cette gaîne, sa courbure plus ou moins prononcée, sa pointe plus ou moins aiguë, ses bords tranchants et les dentelures que souvent on y

Fig. 30. — Grammicus.

remarque, en font une arme défensive et offensive autant qu'un organe de préhension et de travail. Beaucoup d'oiseaux offrent des exemples de dentelures saillantes et nombreuses. Quelques rapaces diurnes ont le bec denté sur les côtés; celui du Harle est dentelé dans presque toute sa longueur, pour pouvoir retenir le poisson dont il se nourrit. Les deux mâchoires sont quelquefois mobiles, mais le plus souvent l'inférieure seule peut exécuter des mouvements. Il faut remarquer que cette dernière ne s'articule pas directement avec le crâne par un condyle saillant, comme cela a lieu chez les mammifères, mais avec un os particulier, désigné sous le nom d'os carré ou tympanique, qui s'appuie sur le temporal et fait partie du trou auditif, comme chez les reptiles et les poissons. Disons encore, et c'est un trait caractéristique de l'organisation des oiseaux, que la mâchoire inférieure, qui, chez les autres animaux, se compose de deux parties réunies et soudées en avant, n'est formée que d'un seul arc maxillaire, dont les branches ne sont pas séparables. L'Autruche, d'après Nitzsch, est le seul oiseau chez lequel la séparation antérieure des deux moitiés existe et demeure reconnaissable pendant quelque temps. Cependant, à l'état embryonnaire, chaque branche latérale chez les oiseaux se compose de six noyaux d'ossification.

qui sont réunis et complétement soudés avant l'éclosion. L'extrémité du bec des jeunes oiseaux encore dans l'œuf porte un petit
tubercule à l'aide duquel ils percent la coquille et qui ne tarde
pas à disparaître.

La mâchoire supérieure, à son point de réunion avec le crâne,
conserve, en vertu de la texture élastique de cette partie et des
os du nez avec lesquels elle est cependant toujours soudée, un
certain degré de mobilité qui produit en quelque sorte l'effet
d'une charnière dont l'os carré devient le pivot, et permet de
faire relever la mandibule supérieure en même temps que l'inférieure s'abaisse, chaque fois que l'animal ouvre le bec.

Voici quelques-unes des différences les plus essentielles que
la moitié supérieure du bec présente dans diverses familles :

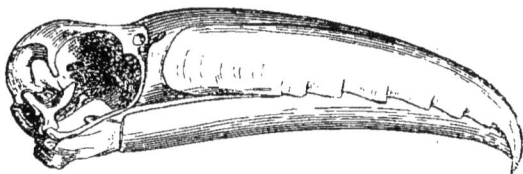

Fig. 31. — Toucan.

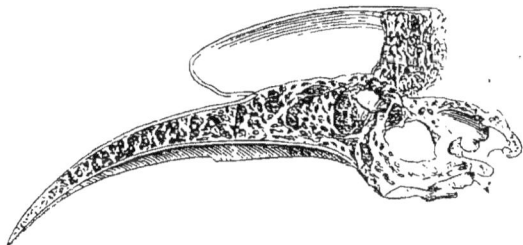

Fig. 32. — Calao

Il est énormément gonflé ou plein de cellules osseuses contenant
de l'air, et qu'on ne peut considérer que comme des expansions
des cavités nasales, chez les Toucans et les Calaos, dont le crâne

paraît être extrêmement petit. Il est très-long et très-grêle dans les Colibris, la Bécasse, l'Avocette et l'Ibis; long, mais élargi et

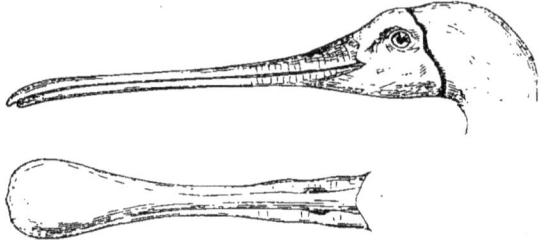

Fig. 53. — Spatule.

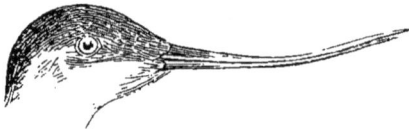

Fig. 54. — Avocette.

Fig. 55. — Gros-bec.

Fig. 56. — Engoulevent.

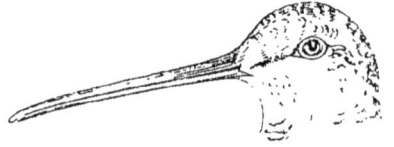

Fig. 57. — Bécasse.

aplati à son extrémité, dans la Spatule; extrêmement fort et solide dans les Gros-becs; d'une brièveté extraordinaire en proportion de l'immensité des orbites dans l'Engoulevent, etc. Le bec de la Bécasse offre d'autres particularités intéressantes : les deux branches qui composent la mandibule supérieure jouissent d'une mobilité très-sensible, qui permet à la pointe du bec, une fois enfoncée dans la terre ou la vase, de faire l'office de pince sur la mandibule inférieure, pour faciliter à l'oiseau la capture des vers dont il se nourrit. Il est probable que le même mécanisme est commun à presque tous les échassiers à bec grêle et cylindrique. Enfin le bec de la Bécasse, celui des autres oiseaux de la même famille, ainsi que le bec de la plupart des échassiers et des palmipèdes, sont plus nourris, quoique durs; ils reçoivent des filets nerveux qui leur donnent une sensibilité tactile plus grande, et permet aux uns de sentir les vers dans la terre, aux autres de distinguer les substances nutritives au milieu de la vase dans laquelle ils barbotent.

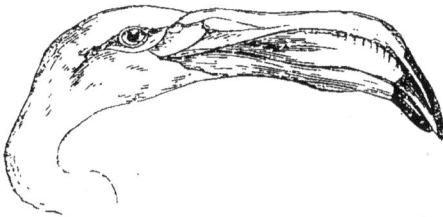

Fig. 58. — Flamant.

Les ouvertures qui se trouvent sur chaque branche de la mâchoire inférieure servent à la pénétration de l'air.

Il est remarquable aussi que les parties latérales de la mâchoire inférieure demeurent quelquefois mobiles dans leur milieu, mais dans un sens inverse de celui que nous avons signalé dans la Bécasse, et qu'alors elles offrent en cet endroit une sorte d'articulation qui favorise l'élargissement de la mâchoire et l'ampliation de la cavité du bec : c'est ce qu'on voit dans l'Engoulevent.

A la partie supérieure du bec, on remarque des lames horizontales d'avant en arrière, qui sont les os du palais; et d'autres lames perpendiculaires percées de plusieurs trous. L'ouverture des narines se trouve sur un de ces appendices osseux, qui représentent les os maxillaires et intermaxillaires des mammifères. Les os du palais ou os palatins, au nombre de deux, ont servi, l'antérieur surtout, de base à un système de classification ornithologique exposé avec succès par un savant physiologiste de nos amis, le docteur Cornay de Rochefort.

LE COU.

L'articulation de la tête avec la colonne vertébrale se fait par un seul condyle, formant une sorte de pivot demi-sphérique reçu dans une fossette correspondante de la première vertèbre du cou, l'atlas. Cette disposition permet à la tête des mouvements plus étendus, et l'oiseau peut tourner sa face complétement en arrière.

Le cou est, en général, proportionné à la hauteur du membre inférieur; quelques palmipèdes font cependant exception à cette règle. Il est composé de douze vertèbres, mais ce nombre varie, selon les familles et les genres, de neuf à vingt-quatre. Ainsi on en compte onze dans le Martinet; douze dans la Hulotte et dans le Pigeon Bizet; treize dans le Vautour Arrian, le Hibou, la Corneille noire et le Casoar; quatorze dans l'Aigle royal, la Buse commune et le Coq domestique; dix-huit dans la Grue cendrée; vingt et une dans l'Anhinga, et vingt-trois dans le Cygne à bec rouge.

La forme de ces vertèbres est aussi variable que leur nombre. Chez les uns la largeur augmente progressivement, depuis la tête jusqu'au dos, comme dans l'Autruche, etc.; chez d'autres elles sont partout égales, épaisses ou amincies, courtes ou allongées, et munies d'apophyses plus ou moins épineuses.

Par le passage que les vertèbres livrent intérieurement à la moelle épinière, par la manière dont elles sont articulées, par leur conformation et l'insertion que leurs apophyses fournissent à un grand nombre de muscles, elles ne diffèrent pas beaucoup des mêmes os examinés sur les autres animaux; mais le nombre plus grand des vertèbres cervicales, dans les oiseaux, explique la dimension souvent extraordinaire du cou, sa flexibilité, la facilité qu'ils ont à l'allonger et à le raccourcir suivant que les courbes qu'il forme s'effacent ou augmentent. Leur structure est telle cependant, qu'elle ne permet à la partie inférieure du cou qu'une flexion en arrière, et à sa partie supérieure qu'une flexion en avant, d'où il résulte que, considéré dans son ensemble, le cou offre une courbure ou ondulation semblable à celle de la lettre S.

Après les vertèbres cervicales, remarquables par leur mobilité, nous avons à parler des autres parties de la colonne vertébrale, qui sont soudées entre elles de très-bonne heure. Viennent d'abord les vertèbres dorsales au nombre de sept à dix; elles sont maintenues par de forts ligaments, et consolidées par la soudure de leurs apophyses. Le nombre des vertèbres lombaires et sacrées est assez variable; on ne parvient même souvent à le déterminer que d'après celui des trous dont elles sont percées (fig. 60). Il est d'ailleurs assez difficile d'indiquer exactement où finissent les vertèbres lombaires et où commencent les vertèbres sacrées, parce que, soudées entre elles et les os du bassin, elles paraissent faire corps avec ces derniers, qui remontent si haut, qu'ils arrivent aux côtes, et ne laissent pas entre la poitrine et le bassin cet espace vide, ce rétrécissement qu'on remarque dans le squelette de la plupart des autres animaux, dont les vertèbres lombaires sont dégagées et libres. Cette disposition condamne à l'immobilité ces diverses parties du dos, et il devait en être ainsi, car la flexibilité aurait rendu le vol difficile ou aurait exigé un grand développement musculaire dorsal pour soutenir la partie postérieure du corps dans la position horizontale pendant le vol. La longueur et la flexibilité du cou suppléent d'ailleurs, pour les besoins des oiseaux, à l'immobilité du tronc. A la suite des vertèbres sacrées se trouvent les vertèbres coccygiennes ou caudales, dont le nombre, de cinq à sept, est en rapport avec la mobilité plus ou moins grande de la queue. Ces vertèbres sont dégagées du bassin, libres, en partie mobiles. La dernière, ou os caudal, est plus grande, aplatie sur les côtés, le plus souvent relevée, et représente généralement un soc de charrue.

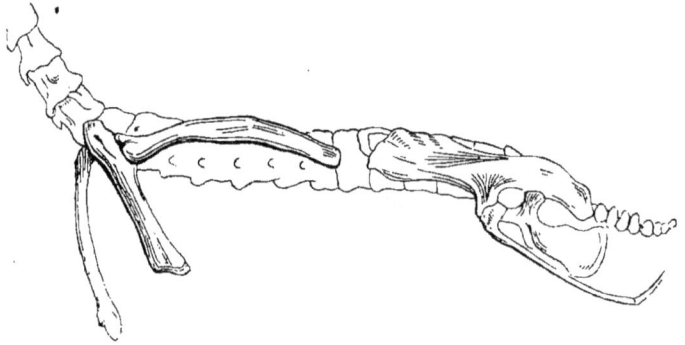

Fig. 39. — Colonne vertébrale du Paon.

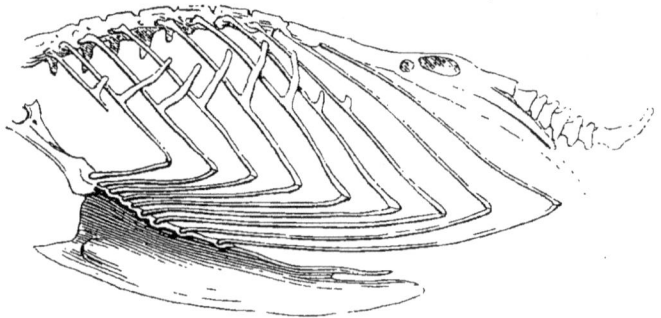

Fig. 40. — Thorax du Guillemot.

LE THORAX.

Le thorax ou cage de la poitrine, en raison de son élasticité et de son ampleur, passe pour le plus parfait de tous ceux qu'on rencontre dans la série animale.

Il est formé, dans l'Homme et dans les mammifères, par les côtes sur ses parties latérales, par les vertèbres thoraciques en arrière, et par le sternum en avant; à sa partie supérieure, latérale et postérieure les omoplates, et en avant les clavicules le consolident et le complètent; mais les omoplates et les clavicules n'appartiennent au thorax que par leurs rapports, elles constituent la charpente de l'épaule et la base des membres supérieurs. Dans les oiseaux ces mêmes os ferment le thorax, ou s'appliquent sur lui, mais ils subissent des modifications importantes, et il existe en plus un os impair, qu'on désigne sous le nom de *fourchette*. Nous verrons que ces modifications sont merveilleusement appropriées aux fonctions des membres supérieurs, qui ne servent plus, comme dans d'autres animaux, ni à la station, ni à la marche, mais sont exclusivement destinés à la locomotion aérienne.

Le nombre des côtes est déterminé par celui des vertèbres dorsales : on n'en compte pas, ordinairement, plus de sept, huit et neuf; le Casoar est le seul oiseau qui en ait onze. Leur forme varie presque à l'infini, et, pour ne citer que des extrèmes, nous signalerons les énormes différences qui existent entre les côtes larges et courtes du Vautour (fig. 41) et celles excessivement longues et filiformes du Guillemot nain.

Toutes les côtes ne se prolongent cependant pas jusqu'au sternum; et celles qui sont dans ce cas, telles que la première et souvent la seconde, n'ont d'union avec lui que par un long cartilage.

Les autres côtes, et parmi elles les vraies côtes, sont composées de deux pièces osseuses, longues, plates et réunies à angle plus ou moins aigu par un cartilage intermédiaire très-court : la première, ou pièce antérieure, se prolonge jusqu'au sternum et s'articule avec lui; la seconde, ou pièce postérieure, s'unit aux vertèbres rachidiennes. De plus, les côtes sont reliées entre elles

5.

par une épine osseuse, ou espèce de petite apophyse, qui surgit du milieu de leur bord postérieur, s'étend obliquement d'une côte à l'autre, et s'appuie sur la côte placée immédiatement après.

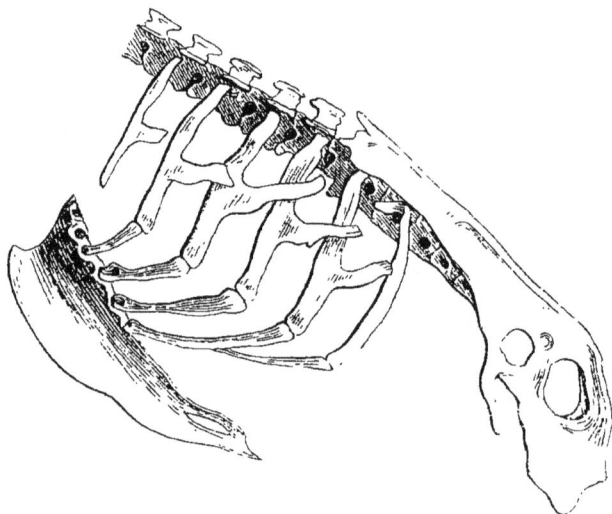

Fig. 41. — Partie gauche du thorax du Vautour.

Cette disposition, et la division des côtes en deux parties, donne une grande élasticité aux parois latérales de la cavité thoracique, élargit et facilite l'inspiration, favorise l'introduction de l'air dans les poches aériennes, dont nous parlerons plus loin, et s'oppose à la compression de ces dernières pendant l'expiration.

Au-dessous des vraies côtes qui s'articulent avec le sternum, il en est une beaucoup plus courte que les autres, flottante, et qui répond aux fausses côtes.

LE STERNUM.

De toutes les pièces du squelette des oiseaux, le sternum est celle qui a subi la plus extraordinaire transformation. Il forme une véritable cuirasse à la partie interne et antérieure de la poitrine et de l'abdomen. Le développement considérable qu'il prend répond à l'importance des fonctions qu'il doit remplir, et ce développement, comme surface et comme fonctions, a lieu aux dépens des omoplates, qui ne sont plus, faut-il dire, que des os rudimentaires. Le sternum est l'os le plus grand du corps des oiseaux; il est mince, aplati, évasé, un peu concave à l'intérieur, et plus ou moins convexe à l'extérieur. Sur le milieu de sa face externe et dans toute sa longueur, s'étend une crête plus ou moins saillante en forme de fer de faux. Cette crête, qu'on désigne sous le nom de *bréchet*, s'élève sur le corps de l'os et forme de chaque côté une gouttière profonde destinée à loger les gros muscles pectoraux moteurs des ailes, et elle est proportionnée à la puissance du vol; aussi verrons-nous que le bréchet ne se trouve plus chez les oiseaux tels que l'Autruche, le Casoar et l'Aptéryx, privés de la faculté de voler, et qu'ils ont même un sternum très-petit proportionnellement à leur taille. Les crêtes et les gouttières scapulaires qu'on remarque sur les omoplates

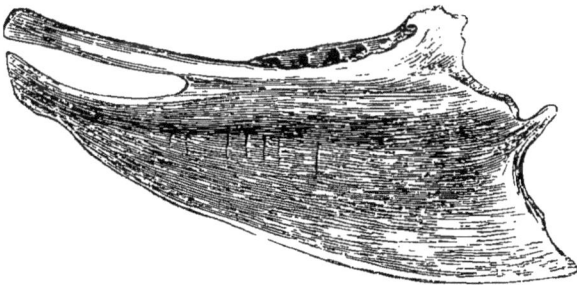

Fig. 42 — Sternum du Canard siffleur

des mammifères, et qui sont destinées à servir de point d'appui aux gros muscles de l'épaule et à les loger, n'avaient plus de raison d'exister chez les oiseaux, puisque chez eux les omoplates et les muscles de la partie postérieure de l'épaule ne devaient plus être que des organes accessoires des mouvements de l'aile.

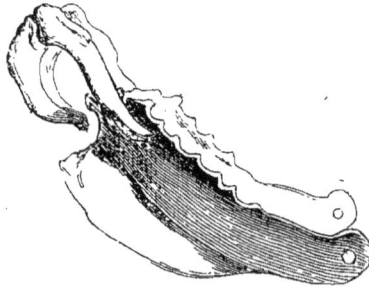

Fig. 43. — Sternum d'Aigle commun.

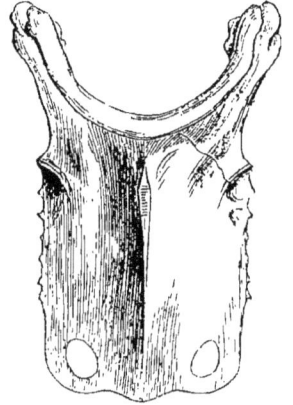

Fig. 44. — Sternum de Gypaëte.

Fig. 45. — Sternum de Perdrix grise.

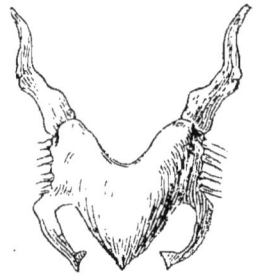

Fig. 46. — Sternum d'Aptéryx.

La presque totalité de la puissance musculaire nécessaire aux mouvements des ailes étant déplacée, les points d'appui ou d'insertion des muscles mis en jeu pendant le vol devaient être déplacés aussi.

En effet, c'est sur le sternum que les puissants muscles pectoraux des oiseaux prennent leurs points d'appui pour pouvoir ramer à leur manière dans les airs, dans un des temps du vol. L'exécution du second temps n'exige plus de force, puisque la faible résistance que rencontre l'aile en se relevant est encore diminuée par le poids du corps qui s'abaisse en même temps, comme nous le verrons plus tard. Nous avons dans les Crustacés un autre exemple du déplacement des points d'appui des muscles qui jouent un rôle principal pour l'existence des animaux. En effet, les grosses pattes du Homard contiennent un os cartilagineux dont la forme et les fonctions ont la plus grande analogie avec l'omoplate de l'homme.

Le sternum est obliquement échancré en avant et de chaque côté, pour recevoir les clavicules, et le milieu de son bord antérieur s'unit à la fourchette, soit par contact immédiat, soit par l'intermédiaire de ligaments. Il reçoit aussi des deux côtés les pièces sternales des côtes. Il est plein ou percé d'un ou plusieurs trous; quelquefois il est terminé par des prolongements ou appendices plus ou moins larges et plus ou moins allongés, et l'espace compris entre ces appendices est rempli par une membrane assez fine.

Le sternum est surtout développé chez les Oiseaux-mouches, ces pygmées de la classe, mais dont le vol est incessant; il est moins développé chez plusieurs échassiers, oiseaux marcheurs, et se trouve réduit à de faibles proportions chez les oiseaux terrestres qui ne volent pas.

La hauteur du bréchet varie beaucoup; ainsi une crête sternale bien développée, avec un sternum large et solide, indique un oiseau qui peut voler longtemps et au besoin rapidement, comme les vrais Faucons, la Frégate, le Pétrel.

Une crête très-haute, avec un sternum étroit, n'est pas une disposition très-favorable au vol; cependant on la trouve chez les oiseaux dont le vol est vif et soutenu (les Martinets), ou pressé, mais court (les Huppes), ou lent, mais prolongé (les Grues, les Hérons, les Cigognes).

Toutes les fois que la longueur du sternum l'emporte de beaucoup sur la hauteur du bréchet, on peut en conclure que l'oiseau ne vole pas très-bien; quand, avec cela, le sternum est très-long, on peut dire, sans crainte de se tromper, que l'oiseau est un bon nageur, mais qu'il vole mal, ou tout au moins qu'il nage mieux qu'il ne vole : c'est le cas des Cygnes, des Plongeons. Il est vrai que les Pingouins et les Manchots, qui ne volent que peu ou point, ont une crête sternale beaucoup plus développée qu'on ne devrait le supposer d'après ces données; mais cette contradiction n'est qu'apparente, et s'explique quand on sait que ces oiseaux, qui quittent peu la mer et qui nagent submergés, à la façon des poissons ou plutôt des cétacés, se servent de leur aile comme d'une véritable nageoire, et se meuvent dans un milieu bien plus résistant que l'air : il fallait donc, pour compenser ce désavantage, que la nature leur donnât des muscles puissants et des surfaces d'insertion musculaire étendues. Les gallinacés présentent encore une exception de ce genre : leur crête sternale est, en effet, généralement très-développée, mais cet avantage n'est-il pas aussi compensé par le refoulement de cette lame en arrière, et par la faiblesse des points d'appui qu'offre aux trois muscles principaux de l'aile un sternum presque membraneux? L'absence du *bréchet* dans le Nandou, l'Autruche, le Casoar, l'Ému et l'Aptéryx, donne au sternum de ces oiseaux la forme d'un bouclier, ou d'une plaque assez semblable au plastron des Tortues. Cette disposition, d'accord avec le peu de développement des muscles pectoraux, rend bien raison, chez ces oiseaux, de l'inutilité de l'aile pour le vol, et de son emploi seulement comme moyen auxiliaire de la course, qu'ils exécutent, en revanche, avec tant d'avantages, qu'ils ont mérité le nom de *coureurs*.

Ainsi donc tout oiseau qui vole bien est pourvu d'une crête
sternale plus ou moins développée; cette pièce même existe
encore chez des oiseaux qui ne volent que médiocrement, mais
qui nagent avec beaucoup de vélocité en s'aidant de leurs ailes;
elle manque complétement chez ceux où l'aile est un organe purement accessoire et passif de locomotion analogue à la voile d'un
navire.

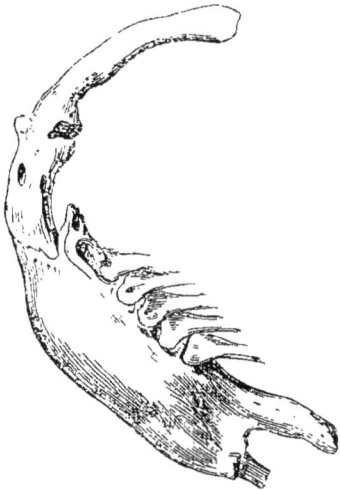

Fig. 47. — Sternum d'Autruche.   Fig. 48. — Sternum d'Autruche.

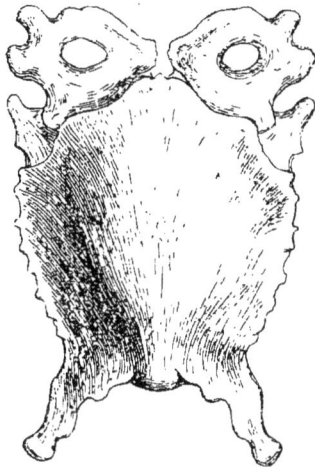

Telles sont les différences principales que présente le sternum
dans sa forme générale, et il est facile de prévoir qu'il existe
encore de nombreuses modifications de détail. Aussi MM. de
Blainville et le docteur l'Herminier ont-ils eu l'idée d'une classification basée sur les différences que présente l'appareil sternal
et le degré d'aptitude des oiseaux pour le vol. Mais cette classification systématique ne pouvait donner que des résultats incomplets.

MEMBRES SUPÉRIEURS OU AILES.

Les membres supérieurs des oiseaux sont formés par plusieurs os qui sont les analogues de ceux qu'on rencontre dans les extrémités supérieures chez l'homme, et ils sont connus sous les mêmes noms ou à peu près.

Cependant ces os, exclusivement disposés pour la locomotion aérienne, et par de rares exceptions pour la locomotion dans l'eau, présentent des modifications importantes comme nombre, comme forme et comme dimension, quelquefois même ils n'existent qu'à l'état rudimentaire chez quelques oiseaux terrestres qui ne volent pas ou ne nagent pas.

L'ÉPAULE.

L'épaule comprend l'omoplate, l'os coracoïdien ou clavicule, et la fourchette. Quelques auteurs considèrent la fourchette, cet os spécial aux oiseaux, comme la vraie clavicule, tandis que l'os coracoïdien, que nous regardons comme l'analogue de la clavicule, parce qu'il en remplit parfaitement les fonctions, ne serait, selon eux, qu'une apophyse détachée de l'omoplate. Quoi qu'il en soit, l'ensemble de ces os en place est souvent désigné sous le nom de ceinture scapulaire.

Fig. 49. — Sternum et épaule de Merle.

L'omoplate, chez les oiseaux, perd son importance et ses dimensions, elle est allongée, étroite et atténuée en arrière, souvent plus large et plus épaisse en avant, où elle reçoit l'extrémité supérieure de l'humérus; elle s'articule avec un os droit et solide, os coracoïdien ou clavicule accessoire, dont l'extrémité inférieure est unie à l'extrémité antérieure du sternum, et maintient ainsi l'épaule obliquement écartée de ce dernier os, tandis que la fourchette, dont nous allons parler, sert, par sa forme et son élasticité, à maintenir l'écartement des deux épaules, malgré les efforts violents qui tendent à les rapprocher pendant le vol.

F g. 50. — Fourchette
de Faisan.

Fig. 51. — Omoplate
de Martin-pêcheur.

Fig. 52. — Fourchette
de hibou.

La fourchette représente les clavicules, et se trouve en avant du sternum, dans l'espace triangulaire que forme cet os avec les deux épaules. Sa forme est celle d'un V, chez les gallinacés, les passereaux, etc., et celle d'un U chez les oiseaux de proie. Elle se compose de deux branches grêles, cylindriques chez les premiers, élargies, épaisses, évasées et arrondies chez les seconds. Plus la clavicule est ouverte et arquée et plus l'oiseau a de puissance de vol. Le point de jonction des branches de la fourchette ou sa base est le plus souvent en contact avec la partie antérieure et médiane du sternum. La partie supérieure des branches s'articule avec les os de l'épaule.

Quelques oiseaux n'ont pas de fourchette, ce sont ceux qui ne volent pas, comme le Casoar, l'Aptéryx, ou volent à peine, comme plusieurs Perroquets, les Toucans, etc. D'autres n'ont qu'une fourchette rudimentaire soudée à l'os coracoïdien, et sans union des branches, comme l'Autruche. Ce défaut d'union des branches se remarque chez quelques espèces, qui cependant peuvent voler, l'Effraie, par exemple. Parfois enfin l'union des branches reste cartilagineuse, comme on le voit chez un petit nombre d'oiseaux.

Il nous reste à étudier la disposition des organes du mouvement ou membres qui prennent leurs attaches ou leurs points d'appui sur l'épaule.

MEMBRES SUPÉRIEURS.

La plupart des oiseaux ont leurs ailes composées chacune de huit os, maintenus en rapport par plusieurs articulations.

Les trois premiers et les principaux sont : l'humérus, qui est attaché par son extrémité supérieure à la jonction de l'omoplate et de la clavicule, tandis que l'autre extrémité se lie aux deux os de l'avant-bras; le cubitus et le radius.

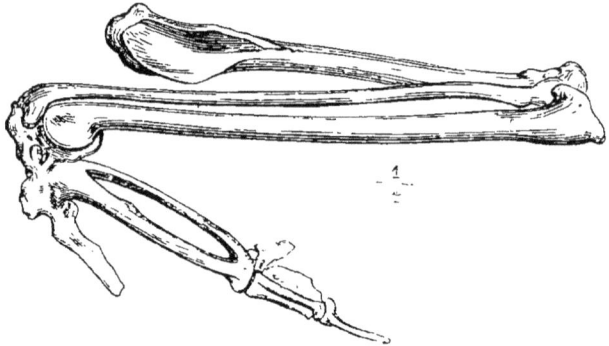

Fig. 55. — Os de l'aile de l'Aigle commun

L'humérus est en grande partie droit et plus ou moins long : son extrémité supérieure, qui est fort large, offre une surface articulaire oblongue et une grande ouverture pour le passage de l'air; son extrémité inférieure forme une poulie que reçoit la partie articulaire concave de l'avant-bras (fig. 16).

Les os de l'avant-bras, le radius et le cubitus, laissent entre eux un espace interosseux, et ne sont en contact qu'à leurs extrémités. Le radius ne peut exécuter aucun mouvement de rotation sur son axe, et le cubitus, plus gros que le précédent, porte un olécrane très-court.

Viennent ensuite les petits os de la main représentant le carpe, le métacarpe, le pouce, le petit doigt et le grand doigt, ce dernier composé de deux phalanges.

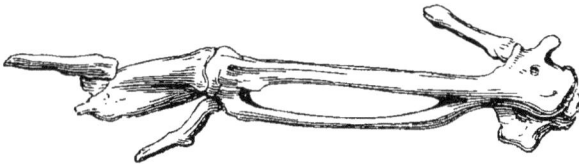

Fig. 54. — Os de l'extrémité de l'aile du Pélican.

Le carpe n'est formé en général que de deux os très-courts.

Le métacarpe, chez presque tous les oiseaux, est un os double, dont le milieu forme aussi un espace interosseux ; ses extré mités seulement sont soudées. A sa partie supérieure, on re- marque une petite saillie qui représente un métacarpien rudi- mentaire pour le pouce, qui s'y trouve articulé.

Le pouce est composé d'une phalange longue et plate, au bout de laquelle il n'est pas rare de voir encore une petite phalan- gette antérieure, quelquefois même couverte de corne, et consti- tuant alors ce qu'on appelle l'éperon de l'aile. Nous reviendrons plus tard sur cet accessoire, auquel se rapportent les aiguillons et les ongles qu'on observe sur l'aile de quelques oiseaux, tels que les Kamichis, les Jacanas, les Vanneaux armés, etc.

Le long doigt, ou doigt médian, se distingue par deux pha- langes, dont l'une, inférieure, est assez grosse, mais aplatie, tandis que l'autre est petite et conique.

Le petit doigt, enfin, n'est qu'un osselet mince, en forme de lamelle, et caché sous la peau.

Les articulations qui réunissent ces os ne permettent pas toutes leur mobilité au même degré; aussi le métacarpe et les doigts sont-ils presque sans mouvement direct.

L'avant-bras porte les plumes désignées sous le nom de *rémiges secondaires;* le grand doigt et son métacarpien, les *rémiges primaires;* les *rémiges* ou *pennes bâtardes* tiennent au pouce.

La forme des os qui composent l'aile des oiseaux qui ont la faculté de voler est très-sujette à varier dans chaque ordre, et même de famille à famille. Les os de l'aile des oiseaux qui ne peuvent voler, tels que l'Autruche, le Casoar, les Pingouins, les

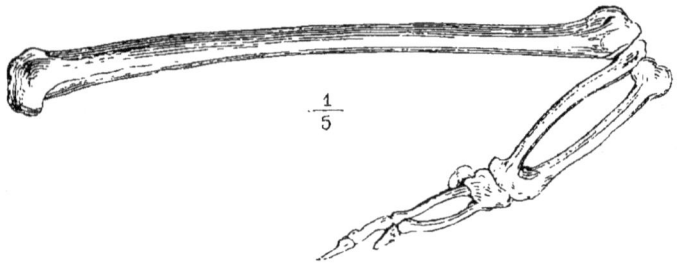

$$\frac{1}{5}$$

Fig. 55. — Os de l'aile de l'Autruche

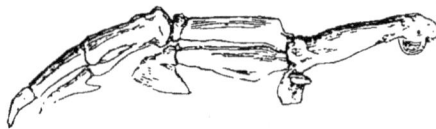

Fig. 56. — Os de l'aile du Gorfou

Manchots, présentent une disposition particulière; des os moins nombreux et des doigts incomplets. Ainsi, à part les dimensions des os de l'Autruche, le carpe, chez cet oiseau, ne se compose que d'un seul os, et les doigts, réduits à deux, le long et le petit, ont de faibles proportions et sont composés de deux phalanges. Tous les os de l'aile des Manchots sont particulièrement remarquables par leur aplatissement, qui les transforme en quelque sorte en une véritable nageoire.

Fig. 57 — Aile de Gorfou.

. Les dimensions proportionnelles des diverses parties des ailes permettent de dire à première vue quel est le degré de puissance du vol d'un oiseau. Les meilleurs voiliers ont un humérus court, et l'avant-bras très-développé, comme on le voit chez la frégate, le martinet. La longueur de l'humérus augmente-t-elle proportionnellement, la puissance du vol diminue; les gallinacés sont dans ce cas. L'humérus est-il plus long que l'avant-bras, l'oiseau ne vole pas; telle est l'Autruche. Le développement considérable du carpe et des doigts aux dépens de l'humérus et de l'avant-bras s'observe chez les oiseaux essentiellement nageurs, comme les Pingouins et les Gorfous.

BASSIN ET MEMBRES INFÉRIEURS.

Si nous passons maintenant à l'examen des extrémités inférieures, nous voyons, dans les os qui les composent, des différences tout aussi considérables, soit comme forme, soit comme dimension.

Les os du bassin, dont nous n'avons dit encore que quelques mots, sont au nombre de trois de chaque côté des vertèbres lombaires et sacrées, qu'ils immobilisent. Ce sont l'ilion, l'ischion et le pubis, soudés entre eux et partageant l'immobilité du tronc.

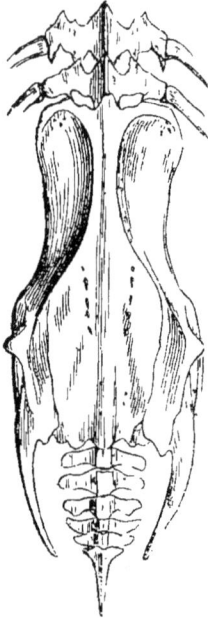

Fig. 58. — Bassin
de Perroquet.

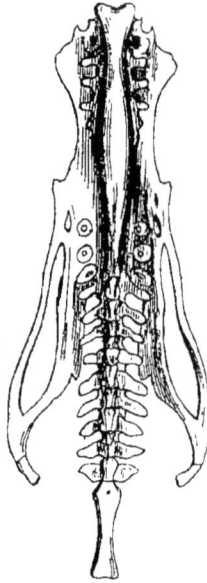

Fig. 59. — Bassin
de Puffin.

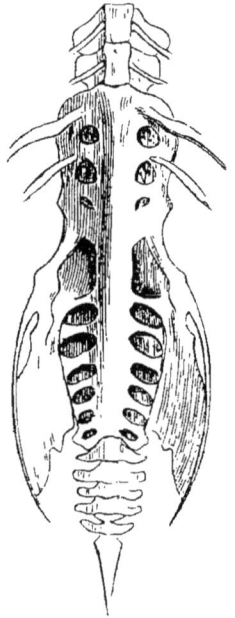

Fig 60. — Bassin
de Perroquet.

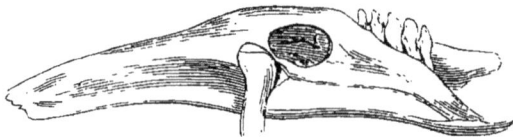

Fig. 61. — Bassin de Perroquet.

L'ilion, le plus développé et le principal de ces os, est assez large, mais surtout très-allongé. L'ischion et le pubis sont allongés aussi, mais généralement peu développés. Le pubis forme un arc mince, dont les extrémités se rapprochent plus ou moins en avant. Ces trois os concourent à la formation d'une cavité latérale dans laquelle vient se placer la tête du fémur, qui s'y trouve retenue par de forts ligaments.

Le fémur est cylindrique, généralement court et plus volumineux chez les oiseaux coureurs (fig. 66).

Le tibia, le péroné, sont fixés à l'extrémité inférieure du fémur, et peuvent se replier sur lui. La rotule est placée en avant de l'articulation du genou.

Le tibia offre ordinairement, à son extrémité supérieure, plusieurs apophyses, qui tantôt font saillie en avant, sous la forme d'une ou deux lames osseuses, comme chez les Pigeons et les Canards, tantôt, comme chez les Manchots, se prolongent au delà du genou.

Le péroné, fixé à la partie inférieure et moyenne du tibia, est terminé en pointe et ne descend pas jusqu'au tarse. Dans les oiseaux de proie nocturnes, il est presque aussi long que le tibia.

De toutes les parties de la jambe, le fémur est la plus longue chez l'homme; c'est l'inverse chez les oiseaux, dont le tibia, mais surtout le tarse, dont nous parlerons bientôt, sont souvent beaucoup plus longs.

Dans les oiseaux de proie nocturnes, le tibia est deux fois plus long que le fémur, et près de trois fois plus que le tarse; et ce caractère est plus fortement prononcé dans les perroquets et dans la plupart des grimpeurs, qui ont le tarse plus épais et beaucoup plus court que le tibia. La jambe de l'Autruche diffère de celle des autres oiseaux en ce que le fémur est plus gros et plus court, le tibia plus long et le tarse plus mince. Les passereaux ont ordinairement le fémur et le tarse un peu plus allongés que le tibia; mais dans les échassiers, au contraire, le fémur est de moitié moins long que le tibia, et souvent beaucoup plus petit que le tarse; ce qui les rapproche de l'Autruche. Mais on ne saurait conclure de cette analogie, comme l'a fait Daudin,

$\frac{1}{5}$

Fig. 62. — Alouette.

$\frac{1}{5}$

$\frac{1}{5}$

$\frac{1}{10}$

Fig. 63. — Perroquet.

$\frac{1}{5}$

Fig. 6. .- Faisan   Fig. 65. — Flamant   Fig. 66. — Autruche

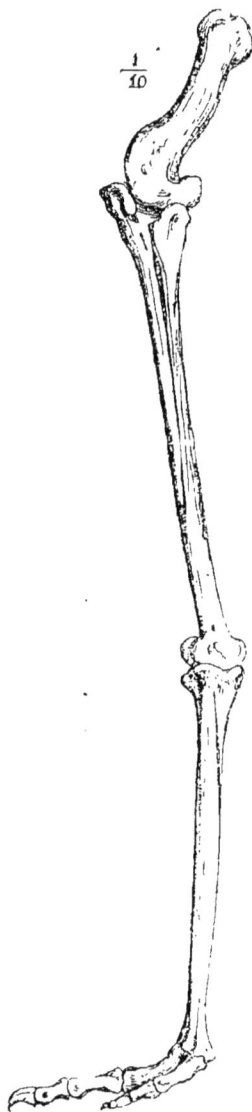

que les oiseaux les plus prompts et les plus agiles à la course sont ceux qui ont la cuisse beaucoup plus courte que la jambe et le tarse; puisque nous voyons la même disproportion relative chez la plus grande partie des oiseaux nageurs et plongeurs. Chez ces derniers, trop de longueur des membres inférieurs aurait nécessité des muscles proportionnés aux dimensions des os, et alors nuisibles aux fonctions à remplir autant que peu en rapport avec les habitudes des oiseaux nageurs.

La jambe des oiseaux a une organisation toute spéciale.

Ainsi, chez eux, à l'exception des Manchots, le tarse, par sa longueur et sa position perpendiculaire à la suite du tibia, fait tellement partie de la jambe, qu'on le prend communément pour la jambe elle-même. Il est constitué par un seul os simple et long, qui tient lieu de tarse et de métatarse.

Cet os a ordinairement une longueur considérable, qui, chez les échassiers surtout, représente en quelque sorte la jambe entière. Sa forme est cylindrique, quoique sensiblement aplatie en arrière; sa tête s'articule avec le tibia, mais son extrémité inférieure porte une surface articulaire en forme de poulie à deux ou trois facettes, suivant le nombre des orteils.

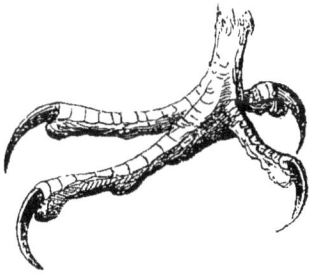

Fig. 67. — Doigts de rapace.   Fig. 68. — Doigts de Foulque.

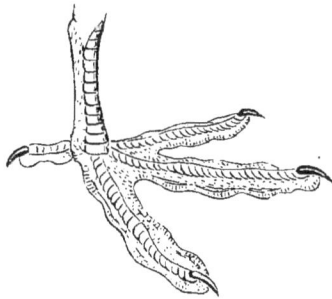

Ces poulies correspondent aux surfaces articulaires des orteils, dont le nombre et la position varient dans quelques familles.

Presque tous les oiseaux ont quatre orteils. Le pouce se dirige presque toujours en arrière, tandis que les trois autres sont tournés en avant. Quelques exceptions sont à signaler : ainsi, dans le Martinet, on trouve trois orteils en avant, et le pouce est placé un peu sur le côté, mais pas en arrière; dans les grimpeurs, il y a deux orteils en avant et deux en arrière; dans le Cormoran, les quatre orteils sont tournés en avant et unis ensemble par une membrane natatoire. Le nombre et la position des phalanges des orteils ne sont pas non plus toujours les

Fig. 69. — Doigts de Coq du bruyères.

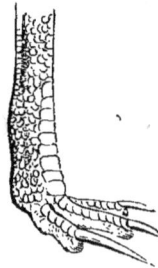

Fig. 70. — De Casoar.

Fig. 71. — De Cygne.

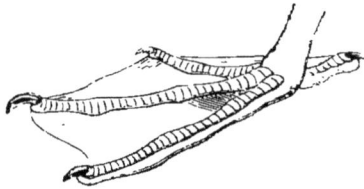

Fig. 72. — De Cormoran.

Fig. 73. — De Perroquet.

mêmes. Ainsi les phalanges des orteils de la Foulque sont disposées de manière à pouvoir également se courber en dessous et en dessus; tantôt le doigt latéral interne et le postérieur ont chacun une seule phalange et un os onguéal : tels sont ceux de la plupart des oiseaux de proie; tantôt les deux latéraux ont chacun trois phalanges et un os onguéal, ou bien le latéral interne a une phalange de moins que l'externe, comme dans beaucoup de passereaux.

Chez les oiseaux qui volent peu ou qui ne volent pas, les membres postérieurs prennent un développement osseux et musculaire considérable; les os sont plus forts et les muscles plus épais; ils sont surtout remarquables chez l'Autruche. Chez les oiseaux nageurs, les membres postérieurs sont courts, mais vigoureux.

ORGANES ACTIFS DU MOUVEMENT, OU SYSTÈME MUSCULAIRE.

Les nerfs répandent la sensibilité dans tout le corps, et donnent aux muscles, organes actifs du mouvement, la contractilité qui est indispensable au rôle qu'ils sont appelés à jouer. Chez les oiseaux, la circulation plus rapide d'un sang très-chaud et riche en oxygène, une respiration plus vive et plus étendue, enfin un perfectionnement notable du système nerveux, semblent être les principales causes du développement extraordinaire qu'acquièrent les organes locomoteurs en général et le système musculaire en particulier.

Toutefois l'irritabilité musculaire proprement dite n'a pas une bien grande persistance chez eux, et ils sont, de tous les animaux, ceux chez lesquels elle se montre au plus faible degré.

Leur système musculaire, comparé à celui des autres classes d'animaux, n'offre pas de bien grandes différences dans les divers groupes qu'ils forment.

En traitant du squelette, nous avons signalé la mobilité toute particulière des vertèbres cervicales, tandis que les vertèbres dorsales sont peu ou même pas du tout mobiles. On trouve bien aussi, pour correspondance à cette disposition de la charpente osseuse, un nombre considérable de muscles cervicaux, dont plusieurs sont fort longs; mais la plupart des muscles du dos n'existent pas chez les oiseaux, car on ne rencontre qu'un muscle cervical descendant et sacro-lombaire très-faible, qui n'acquiert un certain développement que chez le Pingouin, et probablement aussi chez le Manchot, le Gorfou et tous les oiseaux qui peuvent redresser leur corps et le maintenir dans une position verticale.

Les muscles les plus développés sont évidemment ceux de la poitrine, parmi lesquels le grand pectoral, qui détermine l'abaissement ou le battement de l'aile, a surtout des dimensions considérables; ces muscles sont nécessaires au mécanisme du vol, et chaque partie osseuse de l'aile, même la plus petite, a son muscle spécial. Par contre, les muscles pectoraux, et surtout les muscles de l'avant-bras, chez les oiseaux qui ne volent pas, notamment chez l'Autruche, sont réduits à la plus simple expression; il en est encore ainsi chez les Pingouins, où l'on ne trouve plus guère que de simples tendons.

Les muscles de la partie postérieure extrême du corps ont une grande importance dans la direction du vol; aussi la queue a-t-elle des muscles particuliers, qui permettent à l'oiseau d'étaler ses pennes, de les abaisser, de les relever, et de leur imprimer les mouvements nécessaires à un gouvernail.

La disposition des muscles de la cuisse et de la jambe n'a rien de bien particulier. Cependant l'un d'eux est assez remarquable par la longueur de son action. C'est le muscle droit antérieur partant du pubis, et dont le tendon passe sur le genou et s'unit au muscle fléchisseur des orteils : comme ce dernier passe à son tour sur l'angle du talon, il en résulte que les doigts sont nécessairement forcés de se ployer toutes les fois que l'articulation du genou est dans la flexion : c'est ce dont chacun peut faire l'expé-

rience avec une patte de Poule fraîchement coupée. Ce muscle
manque chez quelques palmipèdes; on ne le rencontre pas non
plus chez les Macareux et les Guillemots. C'est par suite de cette
solidarité et de cette union des muscles droit antérieur de la
cuisse et fléchisseur commun des orteils que la flexion du genou entraîne nécessairement celle des orteils, et que sans effort,
sans fatigue et même sans le concours de la volonté, les oiseaux
peuvent, en s'accroupissant, se maintenir perchés sur les branches pendant leur sommeil. Cette disposition anatomique si merveilleusement appropriée aux habitudes de ces animaux, pour la
plupart percheurs, n'exclut pas l'existence de muscles destinés à
tous les mouvements de la patte et des orteils. Il y a les muscles
du tarse, du métatarse, et les extenseurs et fléchisseurs propres
des orteils. La longueur ordinairement considérable des régions
tarsienne et métatarsienne fait que ceux de ces muscles qui sont
courts chez la plupart des animaux ont en général ici une étendue proportionnelle à cette longueur. Ces muscles, ainsi que
ceux des orteils, présentent des différences relativement aux
proportions de la partie charnue et de la partie tendineuse. Chez
les rapaces, les grimpeurs et les palmipèdes, la partie charnue
a généralement beaucoup plus d'étendue, et sa forme est allongée; chez les échassiers et les Autruches, les tendons sont proportionnellement très-longs, et la partie charnue est courte et
épaisse; chez les passereaux et les gallinacés, ces proportions
sont moins extrêmes.

Fig. 74. — Caméliphage Papou

DEUXIÈME LEÇON

Peau, Expansions charnues, Plaques cornées, Éperons, Ergots. Plumes.

La peau des oiseaux est généralement très-mince, et les parties du corps où elle paraît le plus épaisse sont celles qui correspondent à des faisceaux sous-cutanés de fibres musculaires plus ou moins prononcés, et destinés à faciliter les mouvements de tressaillement nécessaires au jeu de la peau et des plumes qui la recouvrent.

Qui n'a remarqué, en effet, la facilité avec laquelle les oiseaux relèvent et secouent leurs plumes, en cas de dérangement ou de désordre, pour les replacer dans leur juxtaposition naturelle, ou pour se poudrer comme ils aiment à le faire chaque jour, afin de se débarrasser des parasites qui les gênent? Ils relèvent les plumes de la tête pour former une huppe, celles du cou pour les développer en collerette, et ils peuvent étaler et relever en éventail celles, souvent très-longues, de la queue, comme un assez grand nombre d'oiseaux et le Paon surtout en fournissent des exemples remarquables.

L'épiderme se détache par petites écailles ou pellicules translucides, qui rendent la peau comme farineuse : ce qui n'est, dans aucune famille, plus apparent que chez les Perroquets.

On a cru bien à tort, jusqu'à ces derniers temps, que l'enveloppe fibreuse générale, qui se rapporte à la peau, était si faiblement développée, qu'il ne restait plus que quelques grands muscles peaussiers, ayant pour usage de hérisser et d'abaisser les plumes sur les diverses régions du corps et de la tête. Les découvertes de Nitzsch ont prouvé que c'était une erreur : car il a trouvé chez plusieurs oiseaux, notamment chez les palmipèdes, et surtout chez ceux qu'il appelle les dermorhynques ou Canards, que chaque plume est munie de quatre à cinq petits muscles destinés à la mouvoir; ce qui porte le nombre de ces muscles à plus de douze mille pour l'animal entier : nombre immense! annonçant à quel degré de perfection le système musculaire est arrivé chez les oiseaux.

Fig. 75. — Dindon.

Des tubercules granuleux s'observent sur presque toute la surface de la peau dans quelques familles, mais surtout chez les Poules et les Perroquets. Quelquefois ces tubercules sont remplacés par des aréoles polygones, comme on le voit chez les échassiers.

Comme dépendances de la peau, nous avons à parler des expansions charnues, plaques cornées, éperons, et des ongles ou ergots des oiseaux. Ce sont des organes accessoires d'ornement ou des organes auxiliaires servant d'armes offensives ou défensives.

Parmi les premiers figurent les expansions charnues ou membraneuses qui se trouvent sur la tête et le cou de la plupart des

Sarcocamphes et des Vautours parmi les oiseaux de proie; sur la
tête et la face de certains Calaos; à la poitrine des Céphaloptères;
à la tête et à la face de quelques Mainates, Philédons ou Philé-
pittes, du Néomorphe et du Glaucope parmi les passereaux; sur
la face, la tête et le cou de la plupart des vrais gallinacés, tels
que les Dindons, les Poules, les Faisans et les Pénélopes; sur les
mêmes parties chez les Casoars parmi les oiseaux anomaux. Elles
se remarquent encore chez un grand nombre d'échassiers,
comme les Grues et les Ibis; chez les gralles, comme les Pluviers, les Vanneaux et les Jacanas, et enfin chez quelques Canards.

Fig. 76. — Condor.

Fig. 77. — Anthochère

Fig. 78. — Astrapie.

Fig. 79. — Canard à tête
grise.

Ces expansions ne sont pas inertes; elles reçoivent de nombreux vaisseaux sanguins et des filets nerveux, sont érectiles, se
gonflent, se colorent, ou s'affaissent et pâlissent sous l'influence
des émotions ou des impressions des oiseaux. En général, et
chez les gallinacés principalement, les mâles seuls sont pourvus de ces appendices.

La cire est une autre expansion membraneuse qui garnit constamment la base du bec de tous les oiseaux de proie et de tous
les Perroquets. Elle ne se rencontre qu'exceptionnellement dans

le reste de la série; les Canards n'en offrent qu'un seul exemple dans les Céréops de la Nouvelle-Hollande.

On remarque aussi sur la tête de quelques oiseaux des plaques frontales plus ou moins dures et cornées; les Foulques, les Porphyrions ou Poules sultanes et les Poules d'eau en offrent de nombreux exemples. Plusieurs espèces de Hoccos ou Pauxis, gros Gallinacés de l'Amérique du Sud, ont à la base du bec un tubercule osseux, pyriforme et parfois développé en forme de casque. Les Phalaris ou Cérorhynques, petits plongeurs des mers polaires, ont le bec recouvert d'une membrane calleuse et d'un appendice long, obtus, vertical et corné.

Fig. 80. — Poule sultane   Fig. 81   Alimoche   Fig. 82   Foulque

Parmi les seconds sont les éperons et les ergots.

Les ongles qui se trouvent sur la partie de l'aile correspondant à la main sont désignés sous le nom d'éperons; ceux que présentent le tarse ou les doigts sont nommés ergots ou ongles.

Les éperons manquent chez beaucoup d'oiseaux aux phalanges des mains ou dernières parties de l'aile. Cependant ils existent dans un assez grand nombre de familles : ils sont des organes auxiliaires ou des armes défensives ou offensives, et servent à plusieurs fins que nous indiquerons.

Ce sont des instruments très-utiles et assez apparents chez les jeunes de quelques espèces, qui s'en servent comme de support pour favoriser certains mouvements dans le nid. Ils s'atrophient et disparaissent à mesure que ces petits grandissent, mais sans

esser pour cela d'exister, et sans qu'il ne soit facile d'en re-
ouver la trace. Les Martinets, qui ne se reposent hors de leurs
ous qu'en s'accrochant comme les Chauves-Souris, sont pourvus
'un ongle au pouce et d'un autre au premier doigt de l'aile.
es Poules d'eau en ont également un qui leur sert à s'avancer
ܐ long des talus ou des berges plus ou moins inclinés, voire
iême à grimper jusque sur les branches des arbres.

Chez les Oies d'Égypte, de Gambie, et chez plusieurs espèces
e Canards, l'éperon, dont on n'a jamais bien pu constater l'u-
lité, est tout simplement un organe auxiliaire dont ne pou-
ient se passer ces espèces, qui se retirent et nichent dans des
rriers en partie faits, il est vrai, et abandonnés par des mam-
ifères rongeurs, mais qu'elles doivent arranger et approprier à
urs habitudes, ce qu'elles n'eussent pu faire sans cette précau-
on de la nature. Cet éperon est presque toujours plus ou moins
ltus, et souvent réduit à l'état de tubercule corné; il sert à pro-
ger l'aile de l'oiseau qui le porte contre l'effet du frottement

Fig. 85. — Aile de Merganette.

usé par son travail de mineur. Chez la Merganette, au con-
aire, cet éperon est très-allongé, robuste, courbé en avant et
cessivement aigu; il devait avoir un autre usage. Et, en effet,
t oiseau ne fréquente que les torrents et les cours d'eau tour-
entés et brisés par des cascades, dont il remonte le courant, et
int, à la façon des Truites, il escalade les barrages et les ro-
iers qui lui font obstacle, grâce au secours puissant de ces
ampons ou harpons d'une nouvelle sorte.

On voit, d'après ce que nous venons de dire, que c'est faute de s'être bien rendu compte des habitudes de ces oiseaux que, pour s'expliquer l'existence des éperons chez plusieurs d'entre eux, on a supposé que ce devaient être des oiseaux querelleurs, qui apporteraient le désordre dans nos basses-cours, si on essayait de les y introduire.

Un assez grand nombre d'oiseaux de rivages ou de marais, tous des pays intertropicaux, présentent de fortes épines ou éperons plus ou moins développés, qui sont bien réellement des armes parfois très-redoutables. Ainsi, quoiqu'il existe des Pluviers et des Vanneaux dans presque toutes les parties du monde, c'est entre les tropiques que se trouvent principalement les espèces armées : au Sénégal, dans la presqu'île et dans l'archipel de l'Inde, à la Guyane, au Brésil, au Pérou, à la Nouvelle-Hollande. Nous citerons le Vanneau à éperon de la Louisiane et celui du Chili, les derniers que l'on rencontre, l'un vers le Nord et l'autre vers le Sud; les Jacanas, répandus dans les parties les plus chaudes de l'Afrique, de l'Asie et de l'Amérique, et enfin les

Fig. 84 — Aile de Kamichi

Kamichis, aux armes si acérées et si redoutables, et qui se trouvent uniquement dans la zone intertropicale du nouveau monde. L'éperon quelquefois double que portent ces oiseaux est une arme qui leur devenait indispensable. Généralement de petite taille, et ne vivant qu'au milieu des savanes inondées et des prairies marécageuses fréquentées par de nombreux reptiles de toute taille et de toute grosseur, leur seul moyen de défense, avec de tels adversaires, était l'éperon dont est armé le pli de leur aile. Ils s'en servent avec succès pour les frapper, les éloigner, les terrasser ou les tuer, plutôt que pour s'en nourrir.

L'ongle, placé à la jambe est plus particulièrement désigné sous le nom d'ergot. Dans les espèces qui sont pourvues de cet organe, il est quelquefois difficile d'en reconnaître l'existence chez les femelles, où il est réduit communément à un simple tubercule, de sorte qu'on peut le considérer comme l'attribut exclusif des mâles; il est même remarquable qu'il ne se rencontre que dans l'ordre des gallinacés. Il atteint souvent un très-grand développement, et, comme il continue à croître pendant toute la durée de leur existence, il fournit parfois un moyen de reconnaître leur âge.

Les espèces qui ont plus d'un ergot à chaque jambe sont peu nombreuses : elles appartiennent toutes à la famille des Francolins, et surtout à celle des Éperonniers. Chez ces derniers, les ergots présentent cette particularité, qu'ils sont rarement au nombre régulier de deux ou trois à chaque jambe, et que plus souvent il y en a trois à droite et deux à gauche.

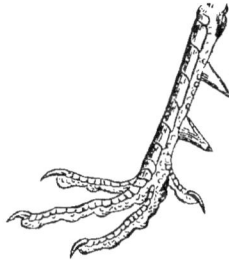

Fig. 85. — Patte d'Éperonnier.

Quand les ergots sont aussi forts et aussi acérés que chez notre Coq de basse-cour, ils peuvent faire de profondes blessures; ce sont des armes redoutables, mais qui le deviendraient bien davantage, si elles étaient autrement disposées. En effet, ces ergots sont bas placés et dirigés horizontalement, de sorte que l'animal, pour en faire usage, doit sauter, le corps renversé, en

portant les jambes en avant, ce qui l'expose à perdre l'équilibre.
Les éperons, placés au pli de l'aile, n'obligent point l'oiseau qui
s'en sert à prendre une position gênante. A terre, les mouvements qu'il fait pour frapper de l'aile n'entravent en aucune
manière les mouvements de ses jambes; en l'air, ils se confon-
dent avec ceux du vol.

Ces parties, nommées éperons ou ergots, se composent d'un
noyau osseux très-solide et d'un étui de nature cornée qui le
recouvre dans toute son étendue, et se prolonge au delà en se
terminant par une pointe aiguë.

Un autre appendice corné se voit à la tête de quelques espèces, telles que les Calaos, le Tragopan, voire même le Casoar. Le Kamichi porte aussi à la tête une sorte de corne située

Fig. 86. — Tête de Palamedea   Fig. 87   Tête de Casoar

sur la ligne médiane et de quatre à six centimètres de longueur. Ces appendices ne peuvent servir aucunement à leur
défense; et, jusqu'à présent, on n'en connaît point l'utilité.

Plumes. — Les plumes sont des organes protecteurs en même
temps que des auxiliaires indispensables pour la locomotion

érienne et aquatique; aussi la rareté des plumes chez un oiseau
ndique-t-elle une espèce des régions les plus chaudes, et orga-
isée pour courir plutôt que pour voler.

Fig. 88. — Autruche.

La formation des plumes, leur développement, leur colora-
on, leur disposition, leur texture, leur renouvellement périe-
que ou mue, sont les faits les plus intéressants qui se ratta-
hent à l'organisation de la peau des oiseaux.

On remarque, sur le jeune oiseau qui vient de sortir de
œuf, des follicules disposés en quinconces d'où sortent des fais-
eaux de soies duveteuses, qui ne sont en quelque sorte que la
ouronne de la plume proprement dite. Ces faisceaux tombent

aussitôt que le tuyau de la vraie plume se développe; et celle-ci naît dans une gaîne bulbeuse, à peu près comme naissent les cheveux et les poils des animaux; mais la complication plus évidente de la plume entraîne naturellement celle de l'appareil qui la produit.

Les vaisseaux sanguins et les nerfs du derme apportent au bulbe leurs ramifications très-apparentes dans la jeune plume et la nourriture nécessaire au développement de l'organe. Une jeune Corneille, dont les pennes avaient déjà de quinze à dix-sept centimètres de longueur, a servi à l'anatomiste Carus pour démontrer les rapports de la circulation du sang de la plume avec la circulation générale. Il a injecté, par l'artère brachiale de cet oiseau, du mercure qui est venu remplir le tuyau des pennes de l'aile.

Fig 89 — Jeune Pigeon.

L'appareil qui est le siège du développement de la plume se compose d'un follicule tapissé d'une membrane muqueuse (épithelium), et contenant le germe du bulbe générateur de la plume. Disons tout de suite qu'une plume, arrivée à son développement complet, a :

1° Un *tuyau* dur, d'aspect corné, rempli d'une membrane excessivement mince et formée de plusieurs petits cônes s'emboîtant les uns dans les autres. Cette membrane se flétrit en se

desséchant, et elle est connue sous le nom d'âme ou de moelle
du tuyau. Le tuyau d'une plume nouvellement formée est encore mou et contient un peu de sérosité sanguinolente; mais
bientôt cette sérosité sera résorbée et
remplacée par de l'air, comme nous
le dirons en parlant de la pneumaticité des oiseaux. Enfin, chez ces animaux, destinés à vivre en partie dans
les airs, le diamètre intérieur et la
longueur des tuyaux sont d'autant plus
prononcés qu'on les examine sur des
espèces dont le vol est plus puissant,
comme l'Aigle, et surtout sur celles
dont les ailes ne sont pas aussi bien proportionnées au poids du corps, comme
le Cygne, l'Oie, l'Outarde, etc., nous en offrent
des exemples.

2º Une *tige*, prolongement du tuyau. Cette
partie de la plume est dure aussi, d'apparence
cornée, simple, carrée, légèrement arrondie à
sa face dorsale, et divisée par un sillon plus ou
moins profond à sa face opposée. La tige est
pleine d'une substance (moelle de la tige) opa-
que, blanche, molle, d'une consistance analogue
à celle du liége. Le tuyau, en se confondant avec
la tige, se prolonge sur elle, surtout à sa face
supérieure, et d'autant plus loin que la plume

Fig. 90. — Plume
de Calao.

appartient à une espèce dont le corps est plus
lourd. A sa face inférieure et au point de jonc-
tion du tuyau avec la tige, à l'endroit même où les barbes latérales de la plume se rejoignent, on remarque la trace d'une
ancienne ouverture maintenant oblitérée : c'est l'*ombilic supé-*

rieur. L'*ombilic inférieur* se trouve au bas du tuyau et à son point de jonction avec la papille du derme.

5° Des barbes latérales, ou lamelles aplaties, plus ou moins allongées et serrées les unes contre les autres. Ces barbes sont quelquefois très-espacées, très-molles, très-duveteuses sur diverses parties de la plume, toujours beaucoup plus fermes et plus serrées aux ailes et à la queue, souvent beaucoup plus grandes au côté interne qu'au côté externe de la tige, où elles n'apparaissent même dans quelques espèces qu'à l'état rudimentaire. En un mot, la dimension des barbes varie considérablement, et donne aux plumes des formes particulières dans un grand nombre de familles.

4° Enfin des barbules et des crochets qui se trouvent sur les côtés des barbes, comme les barbes sont sur les côtés de la tige. Les barbules même ont quelquefois des barbellules, nouvelles divisions encore plus petites. Les barbules sont destinées, par leur entre-croisement et par leurs crochets, à donner à la plume la consistance et la légèreté qui lui permettent de frapper l'air sans que cet élément la traverse. Elles sont plus larges, ont une disposition particulière, et forment de nombreuses facettes polies, à couleur changeante ou métallique, chez quelques oiseaux.

La plume, avons-nous dit, prend naissance sur une papille du derme. La gaîne dans laquelle elle se développe, globuleuse d'abord, devient successivement conique, cylindro-conique, cylindrique, et elle croît dans la même proportion que la plume qu'elle enveloppera, quelle que soit sa longueur. On n'en voit jamais, il est vrai, qu'une très-faible partie, parce que le contact de l'air la dessèche à son extrémité libre, et que l'oiseau la déchire et la fait tomber par petites parties, pendant qu'elle continue à croître sur la base du bulbe. En examinant une plume sèche, on aperçoit la dernière trace de cette gaîne sur le tuyau auquel elle est adhérente; ses fibres sont transversales et non longitudinales, comme celles de ce dernier; c'est cette gaîne qu'on est obligé d'enlever en la raclant, lorsqu'on veut, pour écrire, se servir d'une plume non préparée, comme celles qui sont dans le commerce.

Fig. 91. — Jeune Pigeon.

Toutes les plumes ont la même structure, et, quelle que soit leur forme, elles se composent des mêmes parties essentielles et se développent de la même manière. Il existe peu de travaux spéciaux sur l'organisation et le mode de développement des plumes; le Mémoire de Frédéric Cuvier les analyse tous, et fait connaître les recherches qu'il a faites lui-même, et qui ont éclairé la question. Pour se rendre bien compte de la formation et du développement des plumes, il faut avoir sous les yeux un jeune oiseau d'assez forte taille, Pigeon, Poulet ou Dindon, lui enlever une grosse penne encore en partie couverte de la gaîne, qu'il sera facile de fendre dans sa longueur jusqu'à l'ombilic inférieur, et examiner à la loupe la disposition des parties solides et liquides qui s'y trouvent en rapport.

Le bulbe est l'organe producteur de la plume. Il se présente sous la forme d'une petite vessie allongée, fibreuse, et remplie d'une matière molle, muqueuse ou albumineuse. La membrane fibreuse qui le constitue a un feuillet externe et un feuillet interne désignés aussi sous le nom de membranes striées. Après avoir divisé la gaîne et le bulbe qui les contient, on remarque, à

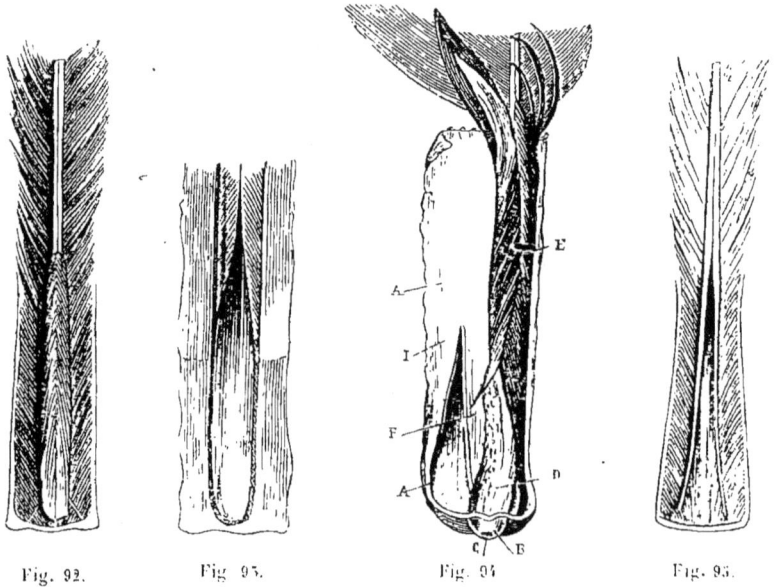

Fig. 92.   Fig. 93.   Fig. 94   Fig. 95.

Plumes de Hocco.

Fig. 92. — Gaîne ouverte et montrant le bulbe revêtu de la membrane striée interne
Fig. 93. — Gaîne ouverte et montrant les parois renversées de la gaîne.
Fig. 94. — A gaîne; B partie inférieure du bulbe; C ombilic inférieur; D bulbe; E barbes repliées; F partie supérieure du bulbe.
Fig. 95. — Plume sur laquelle on a enlevé le bulbe

la partie dorsale et médiane, des stries longitudinales extrêmement fines, et, sur les côtés, des stries obliques aussi ténues, dont la constatation facile permet de supposer par analogie l'existence d'autres stries plus fines encore diversement disposées, mais qui échappent à nos moyens d'investigation, moins par leur imperceptibilité que par la difficulté de les isoler.

Ces stries indiquent les organes ou sillons dans lesquels la matière constitutive et colorante de la plume vient se déposer, ainsi que les cloisons imperceptibles qui séparent les barbes et leur servent en quelque sorte de moule. Le tuyau n'existe pas encore, et le développement de la plume commence par son extrémité terminale, c'est-à-dire par la partie la plus mince de la tige et par les barbes et les barbules latérales. Les barbes, qu'on distingue parfaitement à la loupe quand on a ouvert la gaîne d'une jeune plume d'un oiseau encore au nid, sont représentées par les stries obliques dont nous venons de parler. La tige, à peine apparente, est garnie, à droite et à gauche, dans le premier temps de sa formation, d'une exsudation muqueuse à peu près de la couleur que devra avoir la plume, exsudation qui constitue les barbes, prend peu à peu de la consistance, et laisse, dans l'intérieur de la membrane enveloppée par la gaîne, ces barbes encore humides et enroulées comme une feuille naissante. La tige et ces barbes se constituent en plusieurs jours par la succession de petits cônes qui s'élargissent progressivement et qui poussent les parties déjà solidifiées et prêtes à sortir du maillot que la gaîne forme autour d'elles. Bientôt cette gaîne, ouverte à son extrémité libre, se dessèche, avons-nous déjà dit, et laisse à nu la pointe de la plume, qui se découvre progressivement dans toute sa longueur. La matière colorante apportée par la circulation varie comme les teintes du plumage; cependant la couleur primitive n'est pas toujours celle que l'oiseau aura après la première mue, et, à plus forte raison, rien n'y révèle encore les brillantes couleurs que pourront avoir les plumes des oiseaux adultes. Ainsi cette couleur est pâle d'abord, chez certains oiseaux, les rapaces diurnes, par exemple, qui ont généralement un plumage foncé; elle est grise, jaune ou noirâtre, chez les oiseaux qui, comme les Cygnes, auront un plumage blanc. Quand la plume a atteint une grande partie de son développement et que presque toutes les barbes sont formées, celles qui se forment encore sont généralement plus courtes, plus molles, plus duveteuses, comme si le bulbe qui continue à les produire avait épuisé ses sucs nourriciers. Le fait est qu'alors le bulbe se simplifie, comme l'a dit Frédéric Cuvier, « sa portion en contact avec la tige se rétrécit,

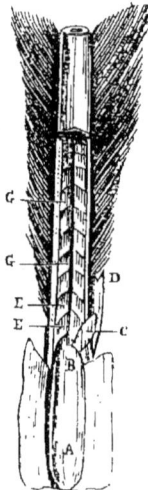

et les deux lignes sur lesquelles les barbes naissent se rapprochent en même temps que le tuyau commence à se former par la réunion des fibres cornées et une disposition nouvelle des petits cônes déjà indiqués. La face dorsale de la tige s'élargit et s'arrondit en tube en suivant le rapprochement des barbes au côté opposé. Un moment arrive où le bulbe, comprimé par ce rapprochement, ne tient plus à la partie qui jusque-là a produit les barbes et la couche cornée que par un léger pédicule qui reste entre la matière spongieuse et la matière cornée, c'est-à-dire dans l'ombilic supérieur. Ainsi, dans les plumes à tige solide, la partie antérieure du bulbe, étant oblitérée en même temps

Fig. 96.   Fig. 97.

Fig. 96. — Coupe d'une capsule de Hocco.
Fig. 97.   Plume de Marabout, en partie ouverte pour montrer la communication des cônes du tube et de la tige avec les cônes membraneux extérieurs enlevés; E G cônes du tube et de la tige ; C cône renversé ; D ombilic supérieure renversé.

que la portion postérieure, ne produit plus de matière spongieuse, d'une manière sensible du moins, au-dessous de l'ombilic supérieur, tandis que, dans les plumes à tige tubuleuse, cette portion antérieure, se continuant immédiatement avec le bulbe du tube, reste plus longtemps vivante, et la matière spongieuse se dépose encore longtemps après que les barbes ne naissent plus et que l'ombilic supérieur est fermé. Dès que les barbes cessent d'être produites, la partie cornée de la face externe de la tige se dépose en abondance sur toute la circonférence du bulbe, et le tuyau se forme. Dans cette formation, les parois internes de la gaîne s'unissent au tuyau et le retiennent solidement. Enfin le moment arrive où le bulbe a produit tout ce que la somme de vie dont il était pourvu lui permettait de produire; il se rétrécit par degré, se retire en laissant une série plus ou moins nombreuse de petits cônes membraneux (moelle du tuyau); le tuyau suit ce rétrécissement et se termine en une pointe obtuse au milieu de laquelle est percé l'ombilic inférieur, » au point de contact avec la papille du derme.

Lorsque l'oiseau vient d'éclore, il est couvert, excepté sous le ventre, de soies fines, serrées et implantées par petits paquets de quinze à vingt sur les bulbes qui contiennent le germe de la plume. Nous verrons que plus tard les parties médianes du ventre resteront toujours nues, et qu'elles seront seulement couvertes par les plumes des flancs.

Lorsque la plume se développe, elle chasse devant elle les soies, qui ne tombent qu'après l'entier développement de celle-ci. Dans les oiseaux de proie et dans les oiseaux aquatiques, ces soies sont remplacées par un véritable duvet, qui recouvre entièrement le petit, fort peu de temps après l'éclosion. C'est chez ces oiseaux que ce duvet adhère le plus longtemps aux plumes; en sorte qu'après plusieurs jours l'animal ressemble à une pelote, et plus tard, après un mois, il paraît encore tout couvert de ce duvet, flottant comme un ornement à l'extrémité de chacune de ses plumes.

Cependant ce duvet n'est que ce que nous appellerons le duvet caduc, ou du jeune âge, commun à la généralité des oiseaux. Il

y a un vrai duvet permanent, ou duvet d'adulte, qui se trouve
surtout chez les oiseaux nageurs, et dont nous devons aussi parler. Ce duvet consiste en une plume courte, adhérente à la surface de la peau, à tuyau grêle, à barbes longues, égales, désunies et floconneuses. C'est une fourrure chaude et légère,
placée, sans gêne pour l'animal, entre sa peau et ses véritables
plumes. Ce duvet devait naturellement être, et il est en effet
plus fourni sur les oiseaux qui sont exposés à supporter de
grands froids, soit parce qu'ils s'élèvent souvent dans les hautes

Fig. 98. — Jeune Vautour.

régions de l'air, comme les oiseaux de proie diurnes; soit parce
qu'ils ne sortent que la nuit, comme les nocturnes; ou parce
qu'ils habitent des climats plus septentrionaux des montagnes
élevées, ou qu'ils vivent sur les eaux, dont la température est généralement plus froide. Tel est le duvet que fournissent l'Eider,
le Cygne, l'Oie et la plupart des palmipèdes. Nous ferons remarquer que les jeunes de ces oiseaux sont couverts, dès leur sortie
de l'œuf, d'un duvet beaucoup plus épais et gras, parce qu'ils
vont tout de suite à l'eau, et que l'apparition des plumes, chez
eux, est plus tardive que dans les autres espèces; leur genre de vie

les forçant à nager longtemps avant de voler, il leur fallait un duvet résistant à l'eau et au froid.

Les diverses parties des plumes varient beaucoup. Il se peut qu'un seul tuyau porte deux tiges, comme on le remarque sur

Fig. 99. — Faisan.

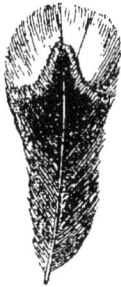

Fig. 100. — Sifilet.

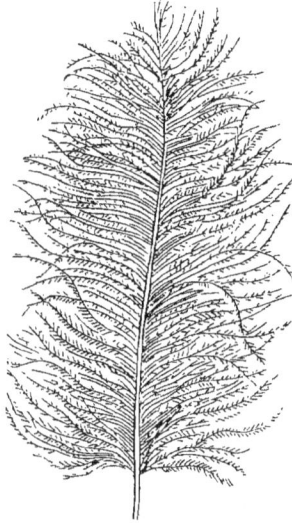

Fig. 101. — Marabout.

Fig. 102.
Falcinelle.

Fig. 103.
Manucode.

Fig. 104.
Canéliphage.

Fig. 105.
Ptiloris.

e Casoar et sur beaucoup d'autres oiseaux, le Faisan, par exemple. Les barbes offrent aussi de nombreuses différences : fréquemment, en effet, elles présentent des appendices secondaires, tertiaires et même quaternaires; de sorte qu'au lieu d'offrir deux rangs opposés de barbes sur le même plan, ce qui est le type ordinaire de la plume, elle en offrira un ou deux autres rangs verticaux, c'est-à-dire perpendiculaires aux deux premiers, et à angle droit avec eux; telles seraient, par exemple, les plumes appelés *marabouts*, du nom de l'espèce de Grue dont elles proviennent. Elles sont tantôt très-serrées les unes contre les autres, et tantôt écartées, comme dans le duvet; elles présentent souvent sur leur trajet de petits nœuds presque semblables à ceux qui garnissent la tige d'un grand nombre de plantes; enfin, dans les plumes remarquables par le brillant métallique ou des couleurs irisées, elles sont ordinairement pourvues, comme l'a remarqué Heusinger, de petites dépressions régulières, perceptibles seulement au microscope, et qui agissent comme autant de miroirs, et reflètent la lumière avec plus de force.

La transformation des plumes en poils ou en soies se présente quelquefois aussi. Le Casoar en fournit un exemple; ses plumes peuvent être considérées comme de simples tiges sans barbes ou sans barbules, et faibles partout, si ce n'est aux ailes, où elles ont un peu plus de force.

D'après les observations de Gloger, savant naturaliste de Berlin, une transformation analogue, mais accidentelle, se produit lorsque les barbes des plumes tombent sous l'influence d'un climat très-chaud; c'est ce qu'il a vu chez de jeunes Aigles d'Afrique, où les grandes plumes tectrices postérieures des ailes étaient dépouillées de leurs barbes dans une étendue de six à huit centimètres, et ressemblaient parfaitement à des piquants. A ce sujet, nous ferons observer que l'usure et le frottement des plumes sur les rochers que ces oiseaux fréquentent suffisent pour produire le même résultat. Une autre transition normale de la plume au poil est offerte par le pinceau de crins noirs que le Dindon porte naturellement en avant de la poitrine, et qui représente un de ces faisceaux primitifs indiqués précédemment, et dont les soies, au lieu d'être poussées par une plume, continuent à se développer et se couvrent d'un épiderme mince, qui n'est autre que la partie correspondante et analogue à la gaîne qui couvre le tuyau de la plume. Enfin on trouve aussi de véritables poils sur quelques parties du corps, notamment à la base du bec, chez le Gypaëte, les Corbeaux, les Céphaloptères, etc.

Les plumes, toujours dirigées d'avant en arrière et se recouvrant pour ne pas être relevées par la résistance de l'air, subissent encore, selon les ordres, les familles et même les genres, une foule de modifications dans leur développement et dans leur structure intime. Ainsi il n'est pas rare de les voir réduites à une simple tige flexible, plus ou moins allongée, ressemblant, soit à du crin, soit à de la baleine, et d'une forme aplatie, cylindrique ou même triangulaire : c'est ce dont la riche famille des paradisiers offre de nombreux exemples; dans ce cas, la tige seule s'est développée sans accessoire de barbes

Fig. 106.
Toucan de Beauharnais.

Fig. 107.
Toucan de Beauharnais.

Fig. 108.
Paille en queue.

ou de barbules. Quelquefois il y a des interruptions de barbes sur la tige, ou bien ces barbes ne se montrent qu'à l'extrémité, où elles forment une sorte de palette terminale. Mais ces plumes ne servent jamais que de parure ou d'ornement, à la tête, à la queue et à ses couvertures, ou aux ailes et à leurs couvertures. D'autres fois, les plumes apparaissent sous la forme d'une feuille squameuse, douce, élastique, luisante et plus ou moins rubanée ou papillotée, tantôt couvrant seulement la tête, comme chez le Toucan de Beauharnais, le Malkoha de Cuming; tantôt couvrant le dos ou l'estomac, comme chez le Cotinga lamellipenne, quelques gallinacés, tels que le Coq de Sonnerat, et es grands échassiers d'Afrique et d'Australie, l'Anastome lamelligère et l'Ibis lamellicol. Encore, dans ces derniers cas, n'y a-t-il que la dernière moitié ou le dernier tiers des plumes, vers la pointe, qui offre cette transformation. Il est évident que les barbes sont restées indivises, car la plume n'en a ni plus ni moins de largeur ou de longueur (fig. 106-107).

Les plumes squamiformes des Manchots se rapprochent aussi de ces exceptions; elles ont même un point de comparaison de plus avec la substance connue sous le nom de Baleine, car les bords seuls de ces plumes sont amincis et effilés ou filamenteux, comme dans les fanons de ce Cétacé.

Ces ornements, que la nature a accordés à quelques oiseaux, et dont elle n'a cependant pas paré le plus grand nombre, ne consistent pas en une addition de plumes que n'aient pas les espèces moins luxueuses; ils ne dépendent que d'un développement plus grand des plumes qui leur correspondent chez les oiseaux d'espèces moins ornées. Ainsi les trois filets plumeux que le paradisier connu sous le nom de *Sifilet* porte de chaque côté de la tête (fig. 110) ne sont que trois plumes étroites qui couvrent le méat auditif de tous les oiseaux, et qui, chez celui-ci, sont extraordinairement prolongées. Il en est de même des plumes brillantes qui flottent sous les ailes et sur les deux

flancs de l'oiseau de paradis désigné sous le nom d'Émeraude, et
de celles qui accompagnent sa queue; ces belles plumes, extrêmement longues et étroites sur l'Émeraude, se trouvent à l'état
normal et plus simples chez les autres oiseaux, et sont placées
transversalement au-dessous de l'aile et dans l'aisselle (fig. 112).

Ces exemples suffiront pour démontrer que les parures qu'on
remarque sur un assez grand nombre d'oiseaux ne sont que des
modifications spécifiques dans la forme, la structure ou la direction de leurs plumes, et les animaux de tous les ordres nous fournissent de nombreux exemples de transformations analogues.

Ces parures sont plus communes, plus variées, plus riches et
plus brillantes chez les oiseaux des pays chauds; elles sont plus
rares, plus modestes, chez ceux qui habitent les climats froids ou

Fig. 109 — Manucode mâle.

tempérés. Enfin les mâles seuls prennent ce beau plumage à l'é-
poque à laquelle ils ont surtout besoin de plaire à leurs femelles.

C'est surtout à l'égard de leur coloration que les plumes varient. L'influence puissante et incontestable de la lumière et de la chaleur pour produire les couleurs se manifeste par la vivacité des teintes que les plumes offrent dans leur portion découverte à la partie supérieure du corps, chez la plupart des oiseaux diurnes, surtout chez ceux des pays chauds. Suivant Gloger, la chaleur du climat aviverait principalement les couleurs des plumes du bas-ventre et de la tête, tandis que le froid affaiblirait surtout celles du haut du corps. Cette observation nous paraît peu d'accord avec ce qui se voit chez les Oiseaux de paradis et les Oiseaux-mouches, dont la tête, la gorge, et quelquefois les flancs, concentrent tout l'éclat du plumage.

Elle est tout aussi peu d'accord avec ce que nous savons de la coloration de nos oiseaux du nord de l'Europe, tels notamment que les Linots, les Bouvreuils et les Becs-croisés, tous du cercle arctique. Il résulte, en effet, des observations faites sur ces oiseaux remarquables par leurs teintes rouges, que si cette couleur, ainsi que l'a fait observer le baron Muller, atteint sa plus grande vivacité dans le Nord si froid et généralement si peu éclairé, la lumière et une température élevée sont peu nécessaires pour la produire.

S'il en est ainsi, quelles sont les causes de la coloration du plumage? Quelle est la nature de la matière colorante? Comment s'opère cette coloration? Ces trois questions, souvent discutées, et qui se présentent naturellement ici, sont restées jusqu'à ce jour sans solution satisfaisante.

Les sucs nourriciers de la plume arrivent au bulbe, avons-nous déjà dit, par les vaisseaux ramifiés du derme, et ils y déposent la matière constitutive et colorante nécessaire à la formation de toutes les parties de l'organe. Cet afflux de sucs nourriciers se continue jusqu'au développement complet de la plume. Alors le tuyau se durcit, l'étranglement que nous avons signalé à sa base (ombilic inférieur) se resserre, le sang cesse d'y arriver, la matière l'emporte sur la vie, qui n'avait été donnée que pour un temps limité, et, tous les ans, chaque bulbe peut donner naissance à une nouvelle plume pour remplacer celles qui se flétrissent et que la dessiccation fait tomber, comme nous le verrons en parlant de la mue.

Quelques auteurs pensent que la circulation dont nous avons signalé l'existence dans la jeune plume et la cessation dans celle complétement formée reparaît au moment où celle-ci doit prendre de nouvelles couleurs, et que, dès que ce changement (*métachromatisme*) doit s'opérer, on remarque que la racine de la plume se ramollit et qu'il y arrive de nouveaux éléments liquides qui contiennent la nouvelle matière colorante. Nous ne partageons pas cette manière de voir, et nous ferons connaître plus loin les observations concluantes faites par Jules Verreaux. Nous croyons que la matière colorante, quand elle n'est pas arrêtée par une cause accidentelle, accompagne toujours les sucs nourriciers de la plume à l'époque de sa formation. Une blessure légère de la peau et des bulbes qui s'y trouvent peut faire obstacle à la production ou à la transmission de la matière colorante; nous avons de nombreux exemples d'arrêts de coloration chez les mammifères comme chez les oiseaux. Il y a chez ces derniers des variétés albines, comme chez les premiers, et ces jeux de la nature permettent de constater que l'albinisme accidentel ou naturel, partiel ou complet, n'apporte que des modifications de couleur et non des complications de texture sur les parties des animaux qui en offrent l'exemple. Les albinos ont un système tout aussi complétement développé que leurs espèces similaires colorées d'une façon normale.

Le régime de la captivité pour les oiseaux sauvages et la domestication pour nos oiseaux de basse-cour produisent des arrêts de développement et des variétés de couleur à l'infini. C'est ainsi que quelques oiseaux sauvages, les Chevaliers entre autres, ne revêtent pas en captivité leur livrée de noces, et que les Poules et les Pigeons domestiques présentent des exemples de toutes les nuances possibles.

Cherchons à découvrir les moyens à l'aide desquels la nature opère le changement de coloration des plumes.

L'expérience et l'observation de tous les jours nous apprennent que les oiseaux, quelque temps après leur naissance, remplacent le duvet blanchâtre ou jaunâtre dont ils sont couverts par la livrée du jeune âge, qui ressemble plus ou moins à celle de la femelle adulte, du moins en ce qui concerne la coloration. Ce duvet est bien plus doux et plus soufflé chez le jeune oiseau, plus rude, plus serré, plus uni et plus brillant chez l'oiseau adulte et qui a revêtu toutes ses couleurs. Les jeunes oiseaux, d'après Schlegel, ne subiraient aucune mue pendant l'année de leur éclosion; il se présenterait seulement un changement de coloration à l'automne de cette même année, et nous entrerons plus loin dans quelques détails à ce sujet.

Le temps nécessaire pour qu'un oiseau prenne sa livrée définitive varie beaucoup, suivant les ordres ou même les groupes. Ainsi le Milan royal n'a sa livrée complète qu'à quatre ans; les Pygargues n'ont généralement la leur qu'à cinq ou six ans. Ce qui n'empêche pas ces oiseaux d'être aptes à se reproduire dès la seconde ou la troisième année au plus tard, bien longtemps, par conséquent, avant d'avoir leur livrée complète. Il en est de même pour les oiseaux de rivages, de marais et pour les oiseaux d'eau, surtout pour ceux qui portent alternativement livrée de printemps ou de noces, et livrée d'automne ou d'hiver. La plupart des passereaux ont, au contraire, leur livrée d'adulte dès la première ou la deuxième année au plus tard.

Cette lenteur que mettent certains oiseaux, notamment les rapaces, à parfaire leur livrée, a même toujours été et est en-

core une source continuelle d'erreurs pour la science. On sait le
temps qu'il a fallu aux éminents professeurs du Muséum de
Paris, G. Cuvier, Étienne et Isidore Geoffroy Saint-Hilaire, qui
se sont successivement occupés de cette question, pour être définitivement fixés sur la spécification distincte du Pygargue à tête
blanche.

Sans vouloir indiquer en détail les couleurs propres au plumage des divers groupes d'oiseaux, ce qui nous entraînerait trop
loin, on peut dire que le noir, le brun, le gris et le blanc sont
propres à la généralité des oiseaux de proie et des oiseaux de
mer : deux genres seuls font exception parmi ces derniers, et
pour le ton de coloration et pour les reflets métallisés; le vert
appartient à la presque généralité des Perroquets, à l'exception
des Loris et des Cacatoës; le bleu d'outre-mer et le bleu pur sont
les couleurs que les Martins-pêcheurs semblent emprunter à l'a-
zur des eaux.

Le groupe des Alouettes et des Pit-pits, celui des gallinacés
de la grande famille des Tétras et des Perdrix, présentent une coloration terreuse ou assez sombre, qui tient à une des précau-
tions prises par la Providence dans l'intérêt de la conservation
de l'espèce : cette coloration étant toujours en rapport constant
et en harmonie parfaite avec la couleur des terrains sur lesquels
ces oiseaux vivent.

Mais, de tous les oiseaux, ceux qui sont le plus richement
dotés, sous le rapport de la parure et de l'éclat des couleurs,
sont les Oiseaux de paradis et les Oiseaux-mouches, pour lesquels
la nature semble avoir épuisé toutes les ressources de l'art par
le choix des éléments de coloration des plumes, et par leur texture toute particulière, qui seule permet d'expliquer ces admi-
rables reflets métalliques et ces magnifiques couleurs chatoyan-
tes. En effet, la texture des plumes de ces oiseaux joue le rôle
principal, et la lumière qui frappe et traverse les innombrables

9.

facettes dont les barbes et les barbules sont couvertes, s'y décompose, comme elle le fait à travers le prisme, ou se réfléchit et produit les tons si chauds, si variés et si brillants que nous admirons. Audebert cherchait sans doute à donner une autre explication des reflets métalliques lorsqu'il prétendait que les plumes qui les produisaient avaient une pesanteur spécifique supérieure à celle des plumes ordinaires.

Fig. 110 — Sifilet mâle.

Toutes les plumes écailleuses qu'on remarque sur la tête et la gorge des Épimaques, des Paradisiers, des Oiseaux-mouches, des Souï-mangas, etc., se ressemblent par le principe uniforme qui a présidé à leur disposition. Toutes sont composées de barbes cylindriques, roides, bordées de barbules régulières, qui en supportent elles-mêmes des rangées plus petites; au centre de toutes ces barbules se trouve un sillon profond, et, quand la lumière glisse sur les facettes dans le sens vertical, les rayons lumineux sont absorbés et produisent la sensation du noir. Il n'en est plus de même lorsque la lumière est renvoyée par ces mêmes facettes, qui font chacune l'office d'un réflecteur. C'est alors que naît, par l'arrangement moléculaire des barbules, l'aspect de l'émeraude, du rubis, etc., chatoyant très-diversement sous les incidences des rayons qui les frappent.

Pour donner un exemple de la diversité des teintes qui sont produites par les plumes écailleuses, nous citerons la cravate d'émeraude de quelques Oiseaux-mouches : nous la verrons prendre tous les tons du vert, depuis les nuances les plus claires et les plus uniformément dorées, jusqu'aux reflets sombres du velours noir. Les collerettes de rubis de quelques espèces lancent des faisceaux de lumière qui se dégradent pour donner une coloration orangée, puis chamoisée et ensuite rouge-noir.

Mais, à la différence des autres oiseaux, les espèces les plus brillantes ne se présentent point constamment avec leur parure de fête. Jeunes, leur livrée est le plus souvent sombre et sans élégance. A la deuxième année de leur vie, quelques parties de leur riche toilette apparaissent çà et là, et semblent protester contre la grande simplicité du vêtement d'adolescence. Vers la troisième année, les teintes sombres des premiers âges disparaissent pour toujours; l'or ou l'améthyste étincellent : c'est l'époque des amours, de la coquetterie, du désir de plaire. Les mâles volent aux conquêtes, se choisissent une épouse, et se consacrent avec elle aux soins qu'exige la fabrication du nid et bientôt après à ceux que réclame la jeune famille. Les femelles n'ont généralement que les atours les plus modestes, lorsque leurs époux étalent tout le luxe d'un riche et élégant plumage. On appelle couleur fixe de la plume celle qui, sous toutes les incidences de la lumière, est constamment la même, rouge, bleue, noire, etc. On la dit changeante dans le cas contraire. Enfin on remarque encore que le brillant métallisé des plumes ne se trouve jamais qu'en bordure terminale.

La coloration des plumes est généralement d'autant plus éclatante et d'autant plus vive que l'espèce habite les contrées les plus chaudes du globe. On ne peut, en effet, citer qu'un très-

Fig. 111 et 112. — Petit Émeraude mâle et femelle.

petit nombre d'oiseaux des régions polaires ou tempérées qui aient quelques parties brillantes, tandis que, sous la zone torride, les plumages ternes sont rares, à l'exception toutefois de ceux de la nombreuse tribu des oiseaux de mer.

La manière dont les plumes sont implantées dans le derme

n'est pas non plus livrée à l'arbitraire, et ce mode d'implanta-
tion a une assez grande influence sur la coloration. Ainsi on a
remarqué que les plumes qui sont destinées à être recouvrantes

Fig. 113. — Petit Émeraude jeunes, deuxième et troisième année.

sont attachées obliquement une à une et en quinconce; et que
les plumes brèves, qui rappellent la douceur du velours, doivent
cette particularité à ce qu'elles sont attachées verticalement sur
les parties qu'elles revêtent.

Si les couleurs des oiseaux varient suivant l'âge et le sexe, on
sait aussi que dans plusieurs espèces les femelles prennent le

plumage des mâles lorsque l'âge les rend impropres à la reproduction. Les oiseaux chez lesquels on a remarqué cette transformation sont plus particulièrement : le Paon, la Pintade, le Faisan
ordinaire, le Faisan doré, la Poule, la Perdrix grise, le Pigeon,
l'Outarde, la Spatule et le Canard. On peut donc admettre théo-
riquement, dans la plupart des espèces d'oiseaux, l'existence de
deux plumages, l'un imparfait, appartenant aux jeunes, l'autre
parfait, que les mâles prennent généralement de très-bonne
heure et que les femelles tendent à prendre aussi, mais à un
âge beaucoup plus avancé, ou dans certaines circonstances particulières.

Fig. 114. – Poule faisane commune à plumage de mâle.

D'après ce que nous avons dit de la parure de quelques espèces, on voit que les oiseaux sont, parmi les animaux vertébrés,
ceux chez lesquels les couleurs arrivent au plus haut degré de
vivacité.

Le changement de couleur des plumes des oiseaux constitue ce que l'on désigne généralement sous le nom de mue. Mais la mue ne s'opère pas de la même manière chez tous les oiseaux : les uns, et ce ne sont peut-être pas les plus nombreux, perdent successivement, à certaines époques de l'année, leurs pennes et leurs plumes du premier âge; les adultes, leurs plumes d'hiver ou d'été; et celles-ci, dans les deux cas, sont remplacées par des plumes nouvelles qui leur succèdent. C'est là la véritable mue.

On a cru longtemps, G. Cuvier tout le premier, et beaucoup d'ornithologistes croient encore que ce mode de substitution de plumage est uniforme chez tous les oiseaux. Il n'en est cependant pas ainsi; cette observation appartient en grande partie à Jules Verreaux, qui en a donné communication à Schlegel, et ce savant naturaliste en a fait l'objet d'un remarquable Mémoire publié en Hollande. La découverte est le résultat des longues et consciencieuses études de notre collaborateur sur les oiseaux du sud de l'Afrique, notamment sur les Souï-mangas, à reflets brillants et métalliques. Il a reconnu, ce qu'il est facile de vérifier, que chez ces derniers oiseaux les plumes du premier âge ne tombaient pas pour faire place à d'autres colorées différemment et plus vivement, mais que ces mêmes plumes, à une certaine époque de l'année, ou plutôt de l'âge de l'oiseau, revêtaient graduellement leurs couleurs définitives, et se teignaient peu à peu de ces couleurs en commençant par la pointe. Ainsi, lorsque chez ces oiseaux encore jeunes, et ayant la livrée terne et uniforme de leur âge, on aperçoit quelques plumes portant à leur pointe un commencement de la coloration propre à l'adulte, il ne faut pas croire que ces plumes soient nouvellement poussées; ce sont les mêmes, qui n'ont pas quitté la peau; il n'y a de nouveau que la teinte qui vient de s'y ajouter. Un examen attentif démontre que cette teinte augmente graduellement en remontant vers la base de la tige; seulement cette métamorphose se produit dans l'année chez quelques oiseaux, et seulement au bout de deux ou trois ans

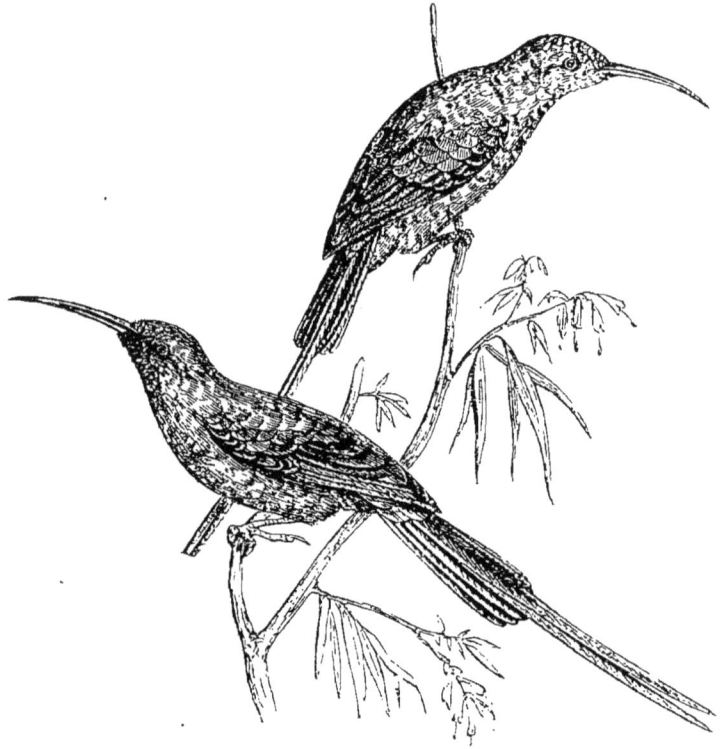

ig. 115. — Soui-mangas en changement de plumage.

chez d'autres, lenteur de coloration que nous avons indiquée déjà pour d'autres familles.

Tel est le fait observé depuis longtemps, quoique récemment établi dans la science, et de la réalité duquel notre ami n'a jamais pu convaincre G. Cuvier, tant le résultat contrariait les idées de l'illustre anatomiste; fait assez intéressant pour mériter d'être spécialement étudié, et qui peut mettre sur la voie de la véritable cause qui produit et ce changement de coloration et la coloration elle-même. Ce mode de substitution d'une couleur à une autre sur les mêmes plumes, sans renouvellement ni caducité de celles-ci, n'est d'ailleurs pas exclusivement propre aux oiseaux à reflets métalliques des régions intertropicales et méridionales : il a lieu, et nous l'avons observé, sur un des oiseaux les plus communs en Europe et en France, l'Étourneau; on peut même dire qu'il existe chez tous les oiseaux, puisqu il se remarque et se produit chez les rapaces, qui mettent tant de temps à prendre leur livrée définitive.

On voit, par ce qui précède, que si le métachromatisme a pu être confondu avec la mue et donner lieu à des erreurs longtemps accréditées, il n'a cependant avec elle qu'une très-fausse analogie. La mue est tout autre chose; elle existe véritablement, mais elle n'a lieu, pour toutes les espèces, qu'une seule fois par an; et elle se produit lorsqu'ont cessé les soins de la ponte et de l'éducation des petits, c'est-à-dire à l'époque intermédiaire entre l'été et l'hiver, et qui, sous toutes les latitudes, correspond à notre automne; quelques espèces, néanmoins, muent avant la fin de l'été; nous citerons comme exemple les Perdrix, les Faisans et les Poules domestiques. A cette époque, la plume, desséchée jusqu'à sa base, n'a plus de rapports avec le bulbe et n'est retenue que par des adhérences avec la gaîne que lui fournit le derme.

La mue s'opère avec la même régularité que la formation des plumes chez le jeune oiseau, avec cette différence que chez le jeune oiseau encore au nid, ou en sortant à peine, ce sont les plumes des ailes et de la queue qui se montrent les premières, comme auxiliaires indispensables du mouvement; tandis que chez l'oiseau adulte ou vieux ce sont ces mêmes plumes qui se détachent et tombent d'abord, puis successivement celles du cou, du dos et des autres parties du corps.

C'est donc à tort que Buffon, Mauduyt, Daudin, et la plupart de ceux qui ont écrit après eux, ont avancé que certains oiseaux avaient deux mues, une de printemps et une d'automne. La mue véritable, comme nous l'avons déjà dit, est cette dernière; et ce qu'ils ont appelé, et ce que plusieurs naturalistes, d'après eux, nomment encore mue du printemps, est un effet de métachromatisme mal observé par eux, et qu'ils ont confondu avec la mue. Cela est si vrai, que Mauduyt, sous l'empire de cette idée dominante, avait déclaré que les jeunes oiseaux ne perdent, à la première mue (de printemps), que les plumes du corps et non les pennes des ailes et de la queue. Le changement de couleur des plumes, alors que les pennes conservent la leur, qui est toujours assez invariablement la même pendant toute la durée de la vie de l'oiseau, ce changement, disons-nous, peut en effet laisser croire que les premières tombent. Ce qu'il y a de vrai, c'est que c'est par les plumes que commence le métachromatisme, qui a toujours fait croire à une substitution d'une plume à une autre, tandis qu'il n'y a réellement à cette époque qu'une substitution de couleur sur la plume qui ne tombe pas. Ce qui a probablement encore servi à accréditer l'erreur, c'est qu'à toutes les époques de l'année les oiseaux perdent accidentellement quelques plumes, et qu'ils peuvent parfaitement bien en perdre au moment où elles vont changer de couleur.

Si naturel cependant que soit ce travail de la vraie mue, c'est, pour les oiseaux, un état de maladie, un temps de silence et de retraite : la plupart sont faibles et tristes pendant sa durée; quelques-uns sont très-souffrants, et d'autres périssent, surtout en domesticité; aucuns ne chantent tant qu'elle dure; ils se cachent, prennent peu d'ébats, et se jouent plus rarement dans les airs, sur les arbres ou dans les prairies; et il n'y a que les oiseaux tenus en cage et privés de femelles qui chantent quelquefois pendant la mue.

Après avoir si longuement parlé du mode de coloration des
plumes, nous ne pouvons nous dispenser de faire connaître
quelques observations intéressantes sur leur matière colorante.

Cette question est d'une grande importance et mérite bien
qu'on s'en occupe encore. Elle est complexe et implique, d'une
part, la constatation et l'étude du pigment sur les plumes; de
l'autre, celle de l'influence des agents extérieurs sur la coloration, en faisant la part de l'arrangement moléculaire des pigments sur les barbes et les barbules, arrangement qui donne
lieu à des nuances et à des reflets variés comme la texture de ces
plumes.

Il y a déjà longtemps qu'on avait remarqué la facilité avec laquelle les plumes rouges de certains oiseaux, les Touracos entre
autres, pouvaient se décolorer par le contact de l'eau. En effet,
les douze ou quatorze pennes alaires qui, chez le Touraco ou
Musophage à crête blanche, sont d'un si beau pourpre violâtre,
perdent cette couleur chez les individus vivants mouillés par la
pluie : si, dans cet état, on vient à les toucher ou à les frotter
avec les doigts, ceux-ci se trouvent aussitôt rougis par la couleur
pourprée qui a déteint sur eux. En séchant, et en peu de temps,
ces plumes reprennent leur état primitif. Les mêmes faits ne se
produisent plus sur la dépouille morte et desséchée de l'oiseau.
Quelques chimistes ont, depuis, fait la même observation, et
l'un d'eux, M. Bogdanow, a fait des expériences sur les plumes
de divers oiseaux, et a constaté les faits suivants :

Les plumes rouges du Couroucou à tête d'or, plongées dans de
l'alcool en ébullition, perdent de leur couleur en quinze ou vingt
minutes. L'alcool prend une teinte orange rouge; une ébullition
plus prolongée les décolore complétement et donne un résidu
qui, lavé à l'eau distillée et desséché, consiste en une poudre
d'un rouge foncé, insoluble dans l'eau, mais altérable par la lumière. Les plumes violet clair du Cotinga bleu, soumises à la

même épreuve, ont donné un résidu à peu près de même nuance, mais légèrement violacé.

Les mêmes plumes, traitées par l'acide acétique, ont donné des résidus de même couleur, mais se décolorant complétement en deux ou trois heures. Les plumes jaunes du Loriot, traitées aussi par l'acide acétique chaud, ont donné un dépôt jaune clair.

M. Bogdanow dit encore qu'il y a des plumes ordinaires (fixes) et des plumes optiques (changeantes). Les premières ont la même couleur vues par transparence ou vues par réflexion. Les secondes présentent des différences notables, suivant qu'on les examine de l'une ou de l'autre manière. Il dit encore qu'il y a deux groupes de pigments : les uns, dont nous venons de parler, et qui s'obtiennent par l'alcool et l'éther; les autres, qu'on n'obtient que par l'ammoniaque, la potasse, et un peu par l'eau, tel serait le pigment noir. Il ajoute que la couleur bleue est toujours optique, c'est-à-dire qu'il n'y a jamais de pigment bleu dans les plumes de cette couleur, et que l'irisation des plumes provient, non-seulement de la constitution de la surface, mais aussi d'un pigment irisant. Toutes ces expériences et les services rendus par la chimie permettront sans doute d'arriver bientôt à la solution de tant de questions intéressantes.

Nous terminerons cette leçon en nous demandant s'il faut admettre à titre d'espèces toutes les variétés si nombreuses que présentent les oiseaux, comme plumage et même comme modification légère dans la forme du bec. Il faut d'abord écarter les variétés si multipliées dans nos oiseaux de basse-cour; car elles dépendent de la captivité, de la domestication, de la nourriture, et en un mot de l'influence que l'homme exerce sur des animaux qu'il a éloignés des milieux dans lesquels ils auraient conservé les caractères du type pour les violenter souvent par sa direction. Ne parlons que des oiseaux à l'état de liberté, et rappelons quelques principes qui peuvent éclairer la question. Il est reconnu que les oiseaux, infiniment plus nombreux et produisant en bien plus grand nombre que les mammifères, sont aussi beaucoup plus sujets à varier que ces derniers. C'est, comme l'a fort bien dit Buffon, une conséquence nécessaire de la loi des combinaisons, qui veut que le nombre des résultats augmente en bien plus grande raison que celui des éléments. On sait aussi que le nombre des affinités d'espèce à espèce est d'autant plus grand que les espèces sont plus petites. On sait enfin que les oiseaux sont très-ardents, et que, lorsqu'ils manquent de femelles de leur type, ils se mêlent assez volontiers avec les espèces voisines, et peuvent produire dans ce cas plus de métis féconds et non toujours des mulets stériles. Ces principes admis nous permettent de penser que beaucoup d'oiseaux, considérés comme constituant des types spécifiques distincts, ne sont souvent que des variétés plus ou moins constantes de ces types mélangés ou des variétés dues au climat. Qui sait, dit encore Buffon à l'appui de nos convictions, tout ce qui se passe en amour au fond des bois? Qui peut nombrer les alliances entre espèces différentes? Qui pourra jamais séparer toutes les branches bâtardes des tiges légitimes; assigner le temps de leur première origine, déterminer en un mot tous les effets du pouvoir de la nature pour la multiplication, toutes ses ressources dans le besoin, tous les suppléments qui en résultent et qu'elle sait employer pour augmenter le nombre des espèces en remplissant les intervalles qui semblent les séparer?

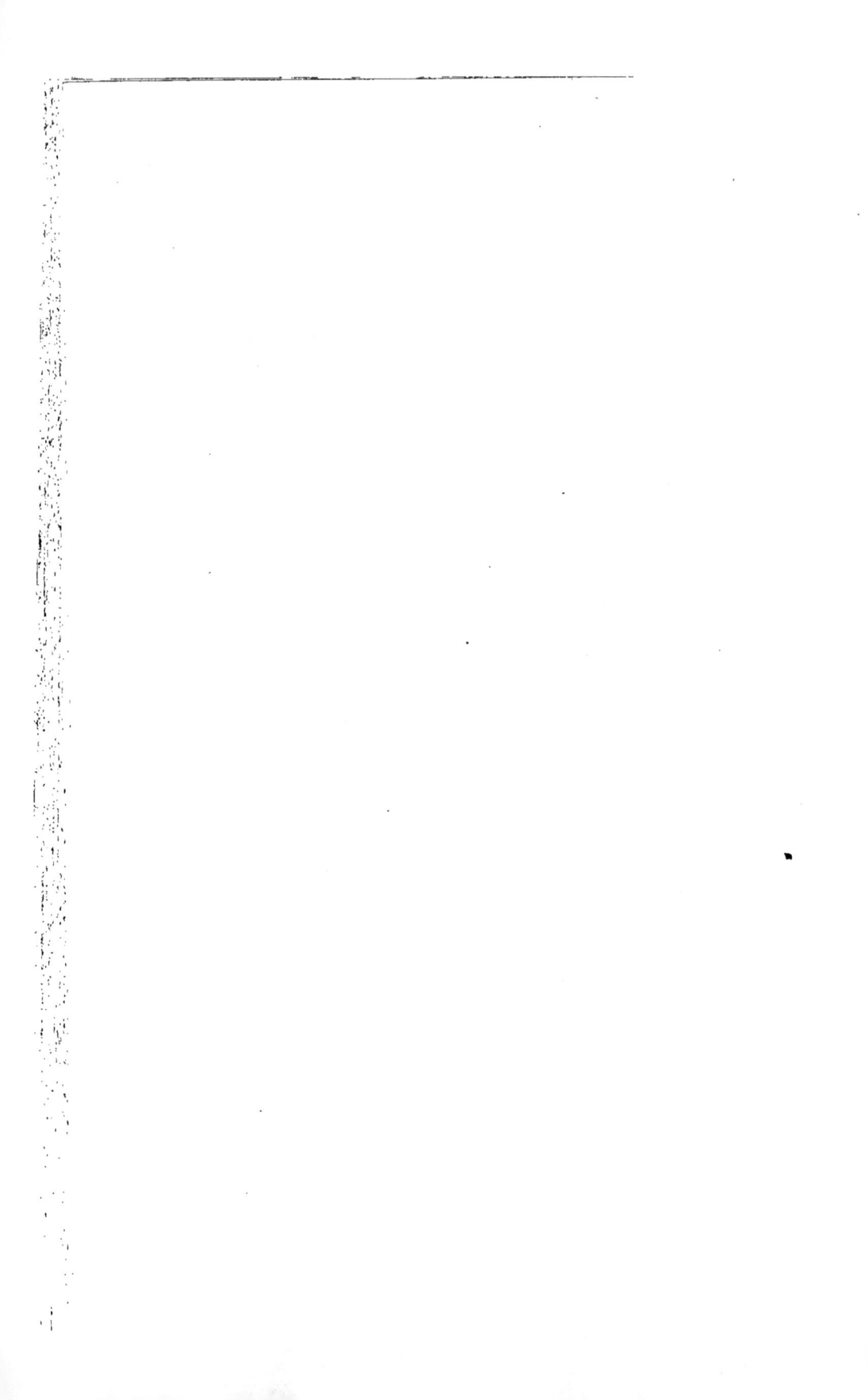

TROISIÈME LEÇON

Système nerveux et sens.

Le système nerveux des oiseaux est généralement peu développé, et les différences
qu'il présente n'ont d'importance qu'autant
qu'on compare le volume du cerveau à celui
du corps dans les divers ordres de la classe.
Cette comparaison donne des proportions très-
singulières; ainsi le cerveau de l'Autruche
n'est guère plus gros que celui du Coq. L'Oie
et le Dindon ont un cerveau très-petit. Mais la
disproportion de l'encéphale avec la masse du
corps est surtout remarquable, dit Virey,
dans l'ordre entier des oiseaux de rivage, et
se reconnaît au premier aspect à la petitesse
de leur tête; ce sont aussi les plus sauvages
et les moins susceptibles de domesticité. Dans

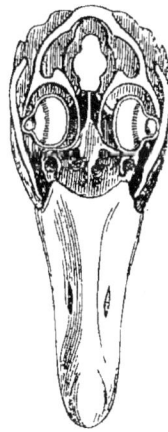

Fig. 116.

Coupe d'une tête d'oie,
pour montrer les
proportions du cerveau.

l'ordre des rapaces, la masse cérébrale augmente sensiblement parmi les Faucons, par exemple; mais toutefois cette augmentation n'est bien appréciable que chez les oiseaux nocturnes, dont la tête est fort volumineuse. Il n'existe que très-peu d'animaux dont la tête ait plus de capacité et dont le cerveau soit plus volumineux que chez les Perroquets, et aussi chez les petits oiseaux granivores et insectivores. Chez eux, la proportion de la masse cérébrale, relativement au poids du corps, est pour le moins aussi forte que chez l'homme.

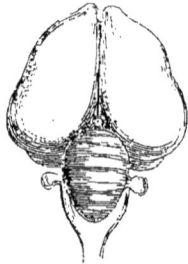

Fig. 117. — Oie cendrée.

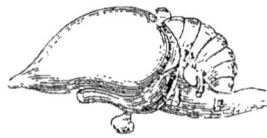

Fig. 118. — Oie cendrée.

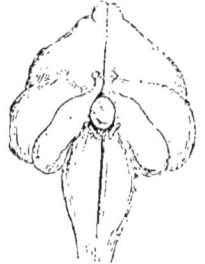

Fig. 119. — Oie cendrée.

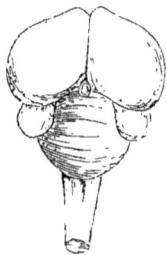

Fig. 120. — Moyen Duc.

Fig. 121. — Pigeon biset.

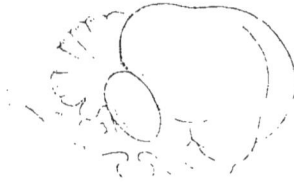

Fig. 122. — Pigeon biset.

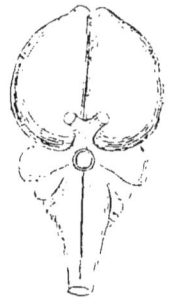

Fig. 125. — Buse.

L'encéphale, vu par sa partie supérieure, est formé de deux hémisphères, sans circonvolutions et sans corps calleux (grande commissure qui réunit ces hémisphères chez les animaux de la

première classe), de deux couches optiques, du cervelet et de la
moelle allongée. La forme des hémisphères varie assez suivant
les familles : chez les passereaux, ils sont ordinairement longs
et larges, et couvrent tout à fait les lobes optiques. Chez les rapaces, au contraire, ces derniers font saillie sur les côtés et en
arrière, et sont remarquables par leur largeur. Chez plusieurs
palmipèdes, le Canard, par exemple, ils sont un peu oblongs. Le
cervelet n'a qu'un lobe comprimé latéralement, avec un petit
appendice sur ses côtés. La moelle épinière se prolonge jusque
dans les os coccygiens, et présente, à la hauteur des vertèbres
sacrées, un renflement produit par l'écartement de ses cordons
postérieurs.

La distribution des nerfs dans les divers organes est la même
que dans les autres animaux, et nous n'avons à signaler que le
volume assez considérable des nerfs optiques.

Quoique notre intention soit de consacrer plusieurs leçons aux
généralités les plus importantes sur la classe des oiseaux, nous
nous garderons néanmoins d'aborder les considérations et les
développements philosophiques ou métaphysiques qui se rattachent au sujet que nous traitons.

Aussi mettrons-nous de côté toutes les distinctions de nuances
séparant les idées des sensations, la connaissance du sentiment,
la raison de l'instinct, et nous nous occuperons immédiatement
des sens et de leurs organes, classés d'après leur importance relative.

L'anatomiste Carus divise les sens en deux classes : ceux qui
agissent au contact immédiat de l'objet, et ceux qui agissent à
distance et ne sont susceptibles que de perceptions médiates.

La première classe comprend : 1° le *toucher*, sens pour le
rapport mécanique de la masse; 2° le *goût*, sens pour le rapport
chimique; 5° le *sens de la chaleur*, pour le rapport thermo-
électrique.

La seconde classe comprend : 1° l'*ouïe*, ou sens pour le mouvement interne et la vibration de la masse qui se propage à travers des milieux extérieurs; 2° l'*odorat*, ou sens pour les émanations et les changements de composition d'une masse dans les milieux qui entourent l'être sentant; 3° la *vue*, ou sens pour la tension photo-électrique de la masse, c'est-à-dire pour celle qui produit la lumière dans les milieux intérieurs.

Si nous examinons chacun de ces sens en ce qui concerne les oiseaux, nous ne les trouvons pas classés dans le même ordre que chez les mammifères, et nous admettons aussi un sixième sens sous le nom de thermo-barométrique ou électrique.

En effet, comme l'a reconnu Buffon, chacun des sens, chez l'homme, peut être classé dans l'ordre suivant : le toucher, le goût, la vue, l'ouïe et l'odorat, tandis que chez l'oiseau les sens sont placés comme il suit : la vue, l'ouïe, le sens thermo-barométrique ou électrique, le toucher, l'odorat et le goût. Nous parlerons d'abord des cinq sens déjà connus, et nous terminerons par ce que nous avons à dire du système nerveux par le sens thermo-électrique.

Vue. — C'est avec un admirable esprit d'induction qu'on a dit que la portée de la vue des oiseaux est proportionnée à la vitesse de leur vol.

« Le sens de la vue, dit Buffon, étant le seul qui produise les idées du mouvement, le seul par lequel on puisse comparer immédiatement les espaces parcourus, et les oiseaux étant, de tous les animaux, les plus habiles, les plus propres au mouvement, il n'est pas étonnant qu'ils aient en même temps le sens qui le guide plus parfait et plus sûr; ils peuvent parcourir en très-peu de temps un grand espace, il faut donc qu'ils en voient l'étendue et même les limites. Si la nature, en leur donnant la rapidité du vol, les eût rendus myopes, ces deux qualités eussent été contraires;

l'oiseau n'aurait jamais osé se servir de sa légèreté, ni prendre un essor rapide; il n'aurait fait que voltiger lentement, dans la crainte des chocs et des résistances imprévus. *La seule vitesse avec laquelle on voit voler un oiseau peut indiquer la portée de sa vue;* non la portée absolue, mais la portée relative : un oiseau dont le vol est très-vif, direct et soutenu, voit certainement plus loin qu'un autre de même forme, qui néanmoins se meut plus lentement et plus obliquement, et, si jamais la nature a produit des

Fig. 124. — Canard huppé.

oiseaux à vue courte et à vol très-rapide, ces espèces auront péri par cette contrariété de qualités, dont l'une, non-seulement empêche l'exercice de l'autre, mais expose l'individu à des risques sans nombre : d'où l'on doit présumer que les oiseaux dont le vol est le plus court et le plus lent sont ceux aussi dont la vue est la moins étendue, comme l'on voit dans les quadrupèdes ceux qu'on nomme *paresseux* (l'Unau et l'Aï), qui ne se meuvent que lentement, avoir les yeux couverts et la vue basse.

« L'idée du mouvement et toutes les autres idées qui l'accompagnent ou qui en dérivent, telles que celles des vitesses relatives, de la grandeur des espaces, de la proportion des hauteurs, des

profondeurs et des inégalités des surfaces, sont donc plus nettes,
et tiennent plus de place dans la tête de l'oiseau que dans celle
du quadrupède : et il semble que la nature ait voulu nous indiquer cette vérité par la proportion qu'elle a mise entre la grandeur de l'œil et celle de la tête, car, dans les oiseaux, les yeux

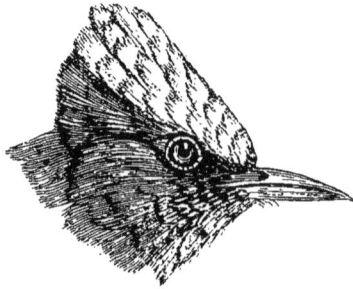

Fig. 125.   Yunina gularis.   Fig. 126.   Fringille du Népaul.

sont proportionnellement beaucoup plus grands que dans
l'homme et dans les animaux quadrupèdes; ils sont plus grands,
plus organisés, puisqu'il y a deux membranes de plus; ils sont
donc plus sensibles, et dès lors ce sens de la vue, plus étendu,
plus distinct et plus vif dans l'oiseau que dans le quadrupède,
doit influer en même proportion sur l'organe intérieur du sentiment, en sorte que l'instinct des oiseaux sera, par cette première cause, modifié différemment de celui des quadrupèdes. »
   Le volume du globe de l'œil est, en effet, hors de toute proportion avec les dimensions du crâne, dont il occupe une grande
partie. Cependant ce globe est plus ou moins enfoncé dans l'or-
bite, et cela dépend de la saillie plus ou moins grande de l'arc
sourcilier. Il est placé près de la commissure du bec, comme
chez les Calaos, les Grues, les Hérons et les Cigognes, ou au milieu des joues, comme chez la plupart des passereaux, ou vers

l'occiput et presque au sommet de la tête, comme chez les Bécasses, ou enfin à fleur de tête, comme chez les oiseaux véritablement plongeurs, particulièrement chez les sphéniscidés.

L'œil est préservé du contact des corps extérieurs par des
paupières ordinairement couvertes de petites plumes d'une nature spéciale; quelques espèces, telles que celles du genre mai-
nate, en sont privées; d'autres les ont ciliées, comme on le voit
chez les Vautours, les Calaos, les Autruches, les Casoars, etc. Chez

Fig. 127. — Centropus senegalensis

la plupart des oiseaux, la paupière inférieure seule est mobile, et
s'élève pour fermer l'œil. Les deux paupières concourent au
même effet chez les rapaces nocturnes et les Engoulevents.

Indépendamment de ces paupières extérieures, horizontales,
tous les oiseaux sont pourvus d'une troisième paupière placée
verticalement, et appelée *membrane clignotante* ou *nyctitante*,
interne, c'est-à-dire mobile et située sous les deux autres,
mince et transparente. Elle se replie vers l'angle antérieur de
l'œil par sa propre élasticité, et peut se développer comme un
rideau par le jeu de deux petits muscles placés en dehors de

l'épaisseur de cette membrane pour ne rien lui faire perdre de
sa transparence.

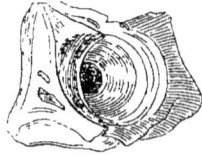

Fig. 128. — Membrane nyctitante.

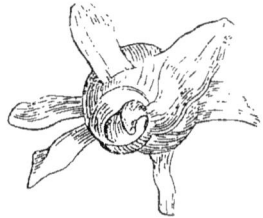

Fig. 129. — Muscles de l'œil et de la
membrane nyctitante.

Cette troisième paupière, qu'on rencontre aussi chez d'autres
animaux, adoucit l'impression des rayons lumineux sans intercepter la vue. Tous les oiseaux n'en sont cependant pas pourvus;
mais on la trouve chez un grand nombre d'espèces qui, vivant
dans les conditions les plus opposées, en avaient cependant le
plus besoin; ce sont les oiseaux de proie diurnes et les oiseaux
de nuit. La membrane appelée *nyctitante* est indispensable aux
premiers, qui, pendant l'éclat du jour le plus vif, montent souvent à pic vers les régions élevées; elle est nécessaire aussi aux
seconds, qui, sortant de leur retraite au crépuscule et la rega-
gnant à l'aurore, seraient éblouis par une lumière trop vive
pour eux, et qui, s'ils sortaient plus tard et rentraient plus tôt,
perdraient chaque jour une heure d'existence. C'est encore à la
faveur de cette membrane que, forcés accidentellement pendant
le jour de fuir leur sombre asile, ils parviennent à en chercher
un autre, malgré l'éclat qui les incommode, mais qui les eût complétement éblouis, sans le voile étendu sur leurs yeux. L'extrême
sensibilité de la vue des oiseaux nocturnes réclamait encore des
dispositions particulières. Leurs yeux sont en effet dirigés en avant
et placés sur le même plan, comme ceux de l'homme; ils sont

aussi plus enfoncés dans les orbites que ceux des autres oiseaux, et on les voit entourés par un cercle de plumes saillantes, qui ne permettent le passage qu'aux rayons directs; quelques espèces, telles que les Ducs, ont, en outre, sur la tête, au-dessus des yeux, des touffes de plumes en forme d'aigrettes, qui ne sont pas un vain ornement, car elles servent à intercepter les rayons

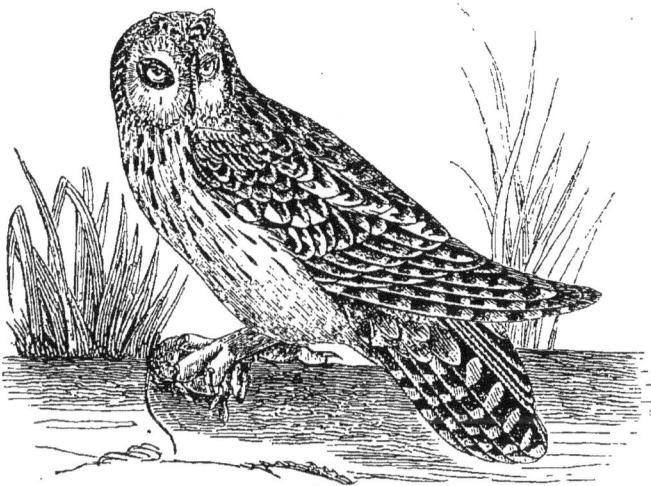

Fig. 150. — Hibou brachyote, d'après Gould.

perpendiculaires, qui gêneraient considérablement la vue. Enfin tous les oiseaux nocturnes ont encore la faculté de contracter et de dilater leurs pupilles, suivant le besoin, et de modérer ainsi l'action d'une lumière trop vive.

L'organisation particulière du globe de l'œil est aussi remarquable que celle des parties accessoires dont nous venons de parler.

L'œil de l'oiseau est généralement très-grand, moins sphérique que celui des mammifères, et la demi-sphère formée par

la cornée transparente, très-bombée, a un diamètre beaucoup
plus petit que celui de la demi-sphère du globe de l'œil. La
sclérotique offre un caractère particulier; elle est mince, flexible
et fibreuse à la partie postérieure du globe, sa couleur est

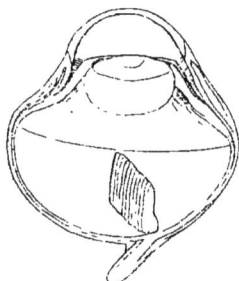 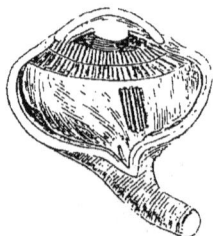 

Fig. 151. — Coupe verticale   Fig. 152. — Coupe verticale   Fig. 153. — Œil de moyen Duc
     de l'œil de l'Aigle.   de l'œil de l'Oie.   et pièces osseuses.

bleuâtre et brillante; mais, à la partie antérieure et entre les
couches qui la composent, elle contient un grand nombre de petites pièces osseuses imbriquées les unes sur les autres, qui forment une gaîne cylindrique assez résistante, et donnent à cette
portion de l'œil une forme invariable. Cette disposition anatomique n'est pas la seule modification curieuse que présente l'œil
des oiseaux, nous y trouverons un appareil complet, tout un
système d'optique créé exclusivement à leur usage, par la pré-
voyance inépuisable de la nature.

Ainsi le nerf optique perce la sclérotique obliquement et en
bas, en glissant dans une gaîne dirigée dans le même sens à travers l'épaisseur de cette membrane. Il s'épanouit, comme dans
les mammifères, pour former la rétine, en s'entourant d'une
tache blanche et arrondie.

Mais ce qui n'existe pas dans les mammifères, dont beaucoup
ont un tapis à reflets métalliques, c'est une membrane de nature
cellulo-vasculaire, plissée, partant de la face interne du nerf

optique et se dirigeant vers la face postérieure du cristallin, auquel elle paraît s'attacher. On a d'abord donné à cette membrane le nom de *bourse conique*, parce qu'elle affecte à peu près cette forme dans la Hulotte, l'Autruche, le Casoar, qui ont été l'objet des premières observations. Elle est aussi désignée sous le nom de peigne, à cause de la disposition de ses rayons. Dans la plupart des autres espèces, ces plis sont arrondis, et leur nombre est très-variable : on en a compté seize dans la Cigogne, quinze dans l'Autruche, dix ou douze dans le Canard et dans le Vautour, sept dans le grand Duc. Quoiqu'il soit assez difficile d'assigner d'une manière certaine le véritable usage de ce peigne membraneux, les uns ont pensé qu'il servait uniquement

Fig. 154.
Peigne fortement grossi.

à absorber une certaine quantité de rayons lumineux, fonction bien insignifiante pour un mécanisme exceptionnel; les autres, et c'est le plus grand nombre, ont cru que, par ses contractions, il pouvait raccourcir le diamètre antéro-postérieur de l'œil, et permettre ainsi de voir les mêmes objets à des distances souvent très-différentes. Il résulte, en effet, de ce mécanisme que les oiseaux jouissent de l'inappréciable faculté de pouvoir, à leur gré et selon les distances de l'objet qu'ils cherchent à découvrir ou qu'ils aperçoivent, avancer et reculer plus ou moins leurs pupilles, de la même manière que nous faisons mouvoir les verres d'une lorgnette.

Quant aux autres parties de l'œil, elles sont, à peu de chose près, les mêmes que chez les mammifères. Ainsi les oiseaux ont une glande lacrymale destinée à humecter la cornée, qui est plus dure et plus résistante dans les espèces à vol élevé. Ils ont deux points lacrymaux et des canaux de communication avec le sac lacrymal.

11.

L'iris présente beaucoup de nuances suivant les espèces, ou plutôt suivant les genres ou les familles : il est blanc, principalement chez les Pics; bleu, surtout chez les Grues; gris chez quelques oiseaux, chez les Cormorans; jaune chez presque tous les oiseaux de proie diurnes et nocturnes, ou même rouge, notamment chez les Râles et les Poules d'eau.

Ainsi l'organe de la vue des oiseaux nous offre plusieurs particularités importantes; et il ne nous est pas permis de méconnaître qu'elles se rattachent d'une manière intime au caractère général de l'organisation, où l'activité vasculaire, respiratoire et locomotrice, a pris un très-grand développement.

Il est facile de juger, par ces détails, combien la nature a mis de soin dans la construction de l'œil des oiseaux, et combien la sensibilité de cet organe doit être grande, s'il est vrai que la perfection soit le résultat de la complication.

C'est à cette grande perfection du sens de la vue des oiseaux qu'on doit rapporter leurs principales déterminations et leurs mouvements. Qu'il s'agisse d'oiseaux sylvains et forestiers, d'oiseaux de proie ou d'oiseaux aquatiques et marins, élevés, quand ils le veulent, jusqu'aux nuages, ils découvrent de vastes campagnes, ils voient des champs, des bois, l'étendue et l'état de la mer, des rochers, des rivages, et ils se rendent dans les lieux qui conviennent le mieux à leurs goûts, à leurs besoins, à leur sûreté. Continuellement en action dans l'air, ils consultent les variations de l'atmosphère, ils aperçoivent les nuages se former, et prévoient la tempête avant les autres animaux; alors ils volent vers des lieux plus riants, ou bien ils cherchent une retraite assurée contre l'orage. Qu'il s'agisse, au contraire, d'oiseaux coureurs ou marcheurs, ou de marais, la netteté de leur coup d'œil leur permet, indépendamment de leur vol, d'apercevoir le danger qui les menace, pour le fuir ou s'en garantir à temps.

La portée de la vue des oiseaux est très-considérable, surtout chez les rapaces. Un Épervier, dit Buffon, voit d'en haut et de vingt fois plus loin une Alouette sur une motte de terre, qu'un homme ou un chien ne peuvent l'apercevoir. Un Milan, qui s'élève à une hauteur si grande, que nous le perdons de vue, voit de là les petits animaux, mulots ou oiseaux dont il se nourrit, et choisit ceux sur lesquels il veut fondre; et cette plus grande portée de la vue est accompagnée d'une netteté, d'une précision tout aussi grandes, parce que, l'organe étant en même temps très-souple et très-sensible, l'œil se renfle ou s'aplatit, se couvre ou se découvre, se rétrécit ou s'élargit, et prend aisément, promptement et alternativement toutes les formes nécessaires pour agir et voir parfaitement à toutes les lumières et à toutes les distances. Qui n'a pas vu d'oiseaux de proie planer à des distances assez grandes pour les mettre à l'abri du plomb des chasseurs, décrire de grands cercles au-dessus d'une victime qu'ils aperçoivent, quoiqu'elle cherche à se rendre invisible par son immobilité en même temps qu'elle se rassemble pour perdre de son volume, et fondre sur elle avec la rapidité de la flèche !

Tous les oiseaux n'ont cependant pas la vue aussi puissante, mais tous l'ont parfaitement proportionnée à leurs besoins.

Fig. 155. — Bradybates phœnicuroides.

Ouïe. — L'ouïe est, après la vue, le sens le plus fin et le plus délicat des oiseaux.

La première différence entre l'organe de l'ouïe de ces animaux et celui de l'homme et des quadrupèdes est le défaut de pavillon, ou de conque externe destinée à réunir les ondes sonores. Les différences qu'on rencontre à l'intérieur sont aussi très-remarquables. Le méat auditif est ouvert dans la plupart des oiseaux; il n'est fermé à son orifice par une membrane que chez les espèces nocturnes et quelques espèces diurnes; mais l'ouverture est extérieurement recouverte par des plumes particulières qui tiennent lieu de pavillon et de membrane. Au lieu des quatre osselets qu'on trouve dans l'oreille de l'homme, les oiseaux n'en ont qu'un; il est grêle, coudé, et se relie d'une

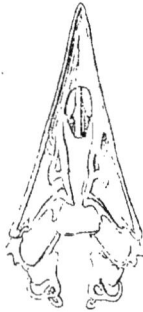

Fig. 157.
Muscle et osselet de la Poule.

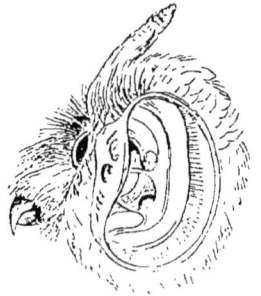

Fig. 156.
Coupe d'une tête d'Alouette.
oreille interne.

Fig. 158.
Oreille externe du moyen Duc.

part au tympan, et de l'autre au vestibule. Pour augmenter l'étendue des surfaces vibrantes, la caisse du tympan communique avec trois grandes cavités qui se prolongent plus ou moins dans l'épaisseur des os du crâne. Cette disposition, comme le fait observer M. Valenciennes, caractérise tout particulièrement l'organe de l'ouïe des oiseaux; car ces cavités sont formées de lames minces, élastiques, et par conséquent très-sonores. Elles contribuent à renforcer l'action du son sur le labyrinthe qu'elles enveloppent de toutes parts.

Les canaux sémi-circulaires sont traversés par un grand nombre de cloisons, et le limaçon est fort petit et souvent très-peu reconnaissable.

Chez les oiseaux de nuit, dont la partie antérieure de la tête, plus exprimée, plus large, représente une sorte de face, les yeux et les deux côtés de cette face sont entourés d'un large cercle de plumes longues et minces, douces au toucher, courbées d'abord d'avant en arrière, et ramenées en avant à leur extrémité. Ces plumes ne sont ni tout à fait droites ni couchées, mais à demi inclinées. Le méat auditif est plus ample, plus ouvert que dans les autres oiseaux. L'ouverture tortueuse et membraneuse de ce conduit est formée par des duplicatures de la peau qui peuvent s'approcher et s'écarter comme une véritable valvule. Les plumes de cette partie de la tête ne couvrent donc pas le méat, comme dans les oiseaux diurnes, mais elles l'entourent, forment une véritable conque qui rassemble les sons, et l'on peut, ainsi que le dit Mauduyt, les regarder comme remplaçant avantageusement l'oreille des quadrupèdes. Cette disposition, à laquelle s'ajoute la facilité du rapprochement ou de l'écartement de la peau qui soutient les plumes, était la plus favorable pour des animaux qu'il importait de garantir pendant le jour, temps de leur repos, de l'impression des sons; tandis qu'il était nécessaire de leur donner un organe très-sensible pour le temps qu'ils consacrent à la chasse, c'est-à-dire pour la nuit, alors qu'il leur faut distinguer le bruit des petits animaux dont ils se nourrissent.

Les plumes sont disposées, dans les oiseaux diurnes, de façon à couvrir exactement le méat auditif, mais le léger écartement qui existe entre elles, et qui peut être augmenté à volonté, permet le passage des sons et suffit pour faire obstacle à l'introduction des petits corps étrangers qui voltigent dans l'air (fig. 155).

Pour donner une idée de la sensibilité de l'ouïe chez les oiseaux en général, nous rappellerons, comme l'a fait M. Gerbe, la faculté qu'a chaque espèce de pouvoir distinguer de fort loin

le chant ou les cris d'appel que font entendre les individus de la
même espèce, lorsque les chants et les cris d'appel d'un grand
nombre d'autres oiseaux se font entendre en même temps. D'ailleurs, serait-il possible de ne pas reconnaître une extrême
finesse de l'ouïe à des animaux dont la voix offre souvent l'exemple de la plus délicieuse mélodie?

Odorat. — Pline et Aristote ont parlé de l'extrême sensibilité olfactive des Vautours et des Corbeaux; longtemps on les a
crus sur parole, et on répète que ces oiseaux sentent de fort loin
les cadavres en putréfaction. Nous sommes loin de partager cette
opinion au moins fort exagérée, et nous pensons que les sens de
l'odorat et du goût n'ont, chez les oiseaux, qu'une sensibilité
très-relative, et qu'ils ne sont pas plus délicats l'un que l'autre.
« Cette finesse de l'odorat chez le Vautour, dit Audubon, je l'ac-
ceptai comme un fait, dès ma jeunesse. J'avais lu cela étant
enfant, et bon nombre de théoriciens auxquels j'en parlai dans la
suite me répétèrent la même chose avec enthousiasme, d'autant
plus qu'ils regardaient cette faculté comme un don extraordinaire de la nature. Mais j'avais déjà remarqué que la nature,
quelque étonnante que fût sa bonté, n'avait pourtant point accordé
à chacun plus qu'il ne lui était nécessaire et que jamais le même
individu n'était doué à la fois de deux sens portés à un très-haut
degré de perfection; en sorte que si le Vautour possédait un
odorat si excellent, il ne devait pas avoir besoin d'une vue si per-
çante, ou réciproquement. »

Chez les oiseaux, les narines ne consistent qu'en deux ouvertures assez étroites, placées à la base du bec, sur la cire ou sur
le bec même; leur position et leur forme varient presque autant
que les familles et les genres, puisqu'elles ont offert des caractères qui ont paru assez importants pour servir de base à divers
systèmes de classification. Elles sont tapissées à l'intérieur par

une membrane pituitaire incontestablement plus sèche que celle des autres animaux, et par conséquent moins sensible. Les nerfs

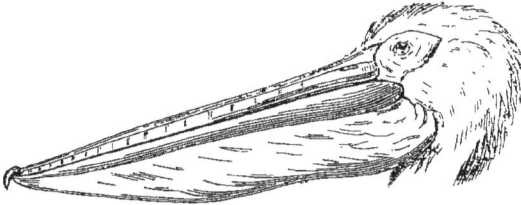

Fig. 139. — Tête de Pélican.

Fig. 140. — Enicocincla Ludoviciana.

Fig. 141. — Calyptura cristata.

Fig. 142. — Eupodotis arabs.

olfactifs sont d'ailleurs moins nombreux et proportionnellement plus courts que chez les mammifères, et ils sont en quelque sorte communs aux narines et à la peau du bec, et servent dès lors autant au toucher qu'à l'olfaction. La circulation artérielle ou veineuse s'y trouve réduite à sa plus simple expression. Le conduit nasal est aussi très-simple, et semble destiné seulement à donner passage à l'air atmosphérique. La simplicité de l'organe autorise naturellement à supposer l'imperfection du sens dont il est le siége. Faut-il néanmoins conclure de là que les Vautours et les Corbeaux n'ont pas ce sens plus fin que la plupart des autres oiseaux? On leur a accordé de tout temps l'instinct de reconnaître à de grandes distances les charognes dont ils se repaissent. Est-ce à la vue ou à l'odorat qu'ils doivent cette faculté?

Il paraît démontré aujourd'hui que, dans ce cas, c'est la vue qui les sert plus que l'odorat. Leur vol élevé leur permet d'apercevoir une pâture dès qu'elle est déposée sur le sol : nous en donnerons la preuve en nous occupant de l'histoire des Vautours et de celle des Corbeaux.

Tout en reconnaissant chez les oiseaux l'existence d'un nerf olfactif rudimentaire, mais jouant cependant un rôle secondaire, il est permis de conclure que les narines de ces animaux paraissent être et sont réellement, malgré l'analogie de forme et de siége que peut présenter l'organe, plutôt destinées à la respiration qu'à l'odorat. Ce qui vient à l'appui de cette conclusion, c'est l'ampleur générale des cavités olfactives, qui est proportionnée au développement considérable du système respiratoire, auquel la nature semble avoir subordonné toute l'organisation des animaux de cette classe.

Goût. — De même que pour l'odorat, on a beaucoup écrit pour ou contre l'existence du goût chez les oiseaux. Les uns y ont vu le développement de ce sens encore incontestablement exprimé par les différences nombreuses de conformation de leur

langue; les autres, nous sommes de ce nombre, n'ont vu dans
ces formes si singulières de la langue qu'un instrument mer-

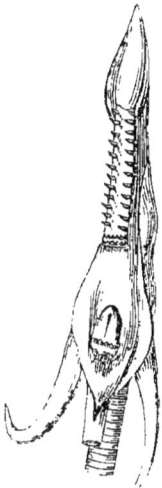

Fig. 145.
Amazone.

Fig. 144.
Flamant.

Fig. 143.
Canard.

Fig. 146.
Pélican.

Fig. 147.
Grèbe.

Fig. 148.
Gros-bec.

Fig. 149.
Merle.

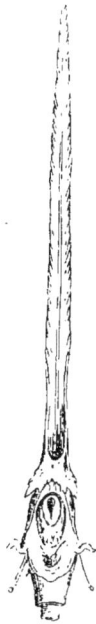

Fig. 150
Toucan.

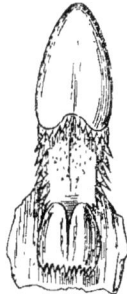

Fig. 151.
Hocco.

Fig. 152.
Martin-pêcheur.

veilleusement bien approprié à leurs besoins, et facilitant la capture des insectes, les mouvements des graines dans le bec et la

déglutition. Et, quoi qu'en ait dit Mauduyt, les oiseaux ne sont pas mieux traités pour le goût que pour l'odorat. Pour en bien juger, cependant, il faut dire un mot de l'organe et des habitudes qui dépendent de sa forme.

Les· oiseaux ne savourent ni ne mâchent réellement leur nourriture, presque toujours ils l'avalent à la hâte, et c'est dans le gésier que se fait la trituration de l'aliment. Aussi n'est-il guère possible d'admettre chez eux un sens du goût analogue à celui des mammifères, d'autant mieux que leur langue ne reçoit pas le rameau nerveux lingual ou gustatif de la cinquième paire.

L'os hyoïde, comprenant aussi l'os lingual, ainsi nommé parce qu'il est engagé dans la langue pour lui donner quelque solidité, consiste, chez les oiseaux, en un corps étroit, allongé, situé sous la base du crâne, en arrière des branches de la mandibule inférieure, et présentant de chaque côté un appendice allongé, recourbé en arrière et en haut. Ces appendices ou cornes sont ordinairement formés d'une pièce antérieure osseuse, et d'une pièce postérieure cartilagineuse. De petits muscles unissent la partie antérieure de l'os à la partie postérieure de la langue.

Cette dernière présente des formes diverses qui varient autant que les familles, et, si la délicatesse du sens était en rapport avec la variété de la forme de l'organe, la classe des oiseaux devrait passer pour une des mieux partagées comme perception des saveurs. C'est précisément le contraire qui a lieu. La forme de la langue est uniquement appropriée au genre de nourriture de l'espèce, et sa sensibilité proportionnée à la variété des aliments. Le sens gustatif se trouve donc réduit à bien peu de chose, et la gamme des sensations est très-bornée.

La langue est en effet très-peu charnue, petite, souvent sèche, quelquefois molle, terminée en avant par une pointe membraneuse, parfois obtuse, tronquée, cornée ou couverte d'une peau épaisse. Elle a une grande mobilité d'avant en arrière et d'arrière en avant; elle peut servir, comme nous le dirons plus loin, à l'articulation de quelques sons.

Fig. 155.
Os lingual et hyoïde
de Perroquet.

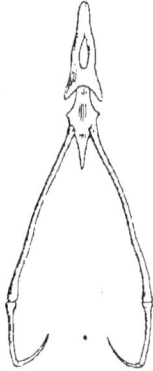

Fig. 154.
Os lingual et hyoïde
d'Aigle.

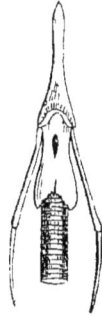

Fig. 155.
Langue et os hyoïde
de Tourterelle.

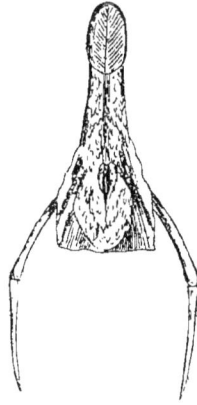

Fig. 156.
Langue de moyen Duc.

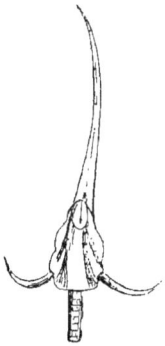

Fig. 157.
Langue de Soui-manga.

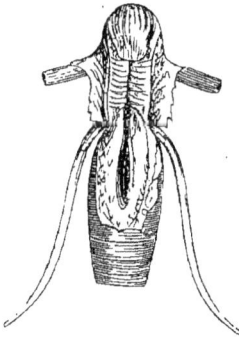

Fig. 158
Langue d'Ara.

Fig. 159.
Langue de Colibri.

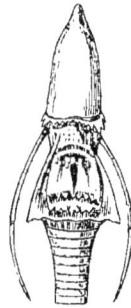

Fig. 160.
Langue de Paon.

Laissant de côté tout ce qui regarde l'anatomie de la langue, formée de deux ordres de muscles (muscles propres et muscles accessoires), examinons la membrane qui la couvre, et qui, chez les autres animaux, est le siége du goût : on la trouve composée de deux couches : l'une extérieure, mince, muqueuse et couvrant les papilles nerveuses fournies par la seconde, plus épaisse et plus compliquée.

Les oiseaux à langue cornée n'ont aucune sensibilité dans la partie recouverte par l'épithélium durci, et souvent, chez eux, les papilles sont converties en pointes dures, qui servent à retenir la proie dans le bec. On trouve des papilles dures et des papilles molles plus ou moins allongées; ces dernières sont d'autant plus molles qu'elles sont plus près de la base de la langue, et ce sont elles qui doivent être le siége du sens.

Les oiseaux qui se nourrissent de chair ont la langue plus épaisse, moins sèche, plus charnue, couverte d'un épithélium plus mince que ceux qui se nourrissent de grain. La forme est d'ailleurs à peu près la même, c'est-à-dire presque triangulaire, quoiqu'elle soit souvent aplatie, pointue, et même bifide à son extrémité, comme chez quelques Vautours; le palais est aussi moins aride et revêtu de membranes plus souples. Cette organisation paraîtrait devoir procurer à ces oiseaux un goût plus fin : il n'en est rien cependant, et ces apparences sont trompeuses.

La langue des Perroquets, qui sont frugivores et granivores, voire même insectivores, est généralement charnue, épaisse, volumineuse, coupée à son extrémité à angle presque droit ou très-peu arrondi, et relevée sur ses bords. Mais il existe plusieurs exceptions, dont la plus remarquable est celle qui se voit chez quelques Perroquets plus insectivores que les autres, et dans lesquels la langue est terminée par un faisceau de poils ou filaments cartilagineux que l'on considère comme des papilles, à cause de l'importance des nerfs qui y aboutissent. Mais c'est en vain, ainsi que l'observe fort bien Manduyt, que l'on attribuerait à la conformation généralement épaisse de la langue du Perroquet la faculté d'articuler quelques mots qu'il retient par habitude, puisque d'autres oiseaux, dont la langue n'a aucun rapport de conformation avec la sienne, ont cependant la même facilité pour imiter la voix humaine C'est également à tort que Lesson, plus affirmatif que Carus, qui considère à peine la langue des oiseaux comme un organe gustatif, a avancé que les Perroquets goûtaient leurs aliments ou les savouraient avec plaisir. On a pris par erreur chez eux, pour l'action du goût, le mouvement qu'ils impriment aux aliments avant de les avaler, en les roulant entre la langue et la mandibule supérieure, ce qui n'est qu'une action purement mécanique nécessitée par la conformation de leur bec : la langue, dans cette opération, faisant l'office d'un levier qui maintient à l'intérieur du bec et vers son extrémité le morceau qu'ils broient par le frottement de la mandibule inférieure contre la supérieure.

Chez les Pics, oiseaux presque exclusivement insectivores, la langue, longue et vermiforme, rappelle celle des serpents : grêle, arrondie et cylindrique, elle ressemble à un dard; elle peut s'allonger, s'étendre beaucoup au dehors du bec et rentrer à la volonté de l'animal. Cela tient à la disposition fort singulière des cornes de l'os hyoïde dans le Pic. Chez cet oiseau, en effet, les cornes hyoïdiennes sont très-longues et filiformes, comme dans les serpents; elles partent de l'extrémité la plus postérieure du corps de l'os, remontent sur les deux côtés du cou vers la face postérieure du crâne, s'engagent dans des gouttières particulières creusées sur celui-ci, arrivent ainsi jusqu'à la base du bec, où elles se fixent à l'aide d'un ligament. Le corps de l'hyoïde, qui porte un os lingual étroit et lancéolé, est également presque filiforme, et n'offre pas en arrière cette apophyse droite qu'on rencontre chez la plupart des autres oiseaux.

La langue des Toucans, qui sont frugivores et baccivores, sèche, décharnée, aplatie, étroite, longue, festonnée et découpée,

12.

profondément sur ses bords, ressemble à une plume garnie latéralement, dans toute sa longueur, de barbes désunies et inégales. Le goût n'est pas pour cela plus développé chez eux que chez les Perroquets, malgré certains signes apparents de répugnance ou de convoitise pour les aliments qu'on leur présente, et que l'on a cru remarquer chez quelques-uns de ces oiseaux conservés en cages.

La langue des Oiseaux-mouches, vrais *suce-fleurs*, en même temps que fins insectivores, peut aussi s'allonger et se raccourcir, comme celle des Pics; elle est filiforme, et rappelle la trompe des Papillons.

Elle est extensible aussi, mais tubuleuse et bifurquée, ou même trifide à la pointe chez les Souï-mangas; pénicillée à la pointe chez les Philédons et chez quelques Paradisiers, tous oiseaux également suce-fleurs et mangeurs d'insectes microscopiques qui vivent dans le calice mêlés au pollen des fleurs. Elle est simplement frangée à l'extrémité chez les Étourneaux et les Grives. Elle est à bords plissés chez les Couroucous et les Momots, et ciliée chez le Glaucope.

 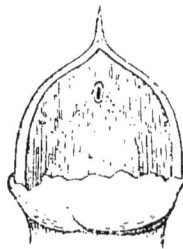 

Fig. 161. — Langue d'Engoulevent.　Fig. 162. — Langue de Podarge.　Fig. 163. — Langue de Martinet.

Mais il en est une, celle des Podarges, ces grands Engoulevents de la Nouvelle-Hollande et de l'Océanie, ou plutôt de la Papouasie, dont on n'a jamais parlé, et qui est peut-être la plus

extraordinaire dans toute la classe : elle mérite à peine le nom
de langue, et consiste tout simplement en une petite lame membraneuse en forme de fer de lance, allant en s'élargissant de la
pointe à la base, et tellement mince, qu'une fois desséchée elle
a l'apparence d'une pellicule transparente, moins épaisse qu'une
feuille de papier. On ne remarque aucune trace de papilles, soit
à sa surface, soit sur ses bords. Son utilité paraît donc assez
problématique; et c'est sans aucun doute un des types les plus
remarquables de la langue chez les oiseaux. Ce fait de la dispa-
rition de la langue, comme organe, est d'autant plus extraordinaire qu'il est observé sur des espèces dont l'ampleur intérieure
du bec est énorme.

Les oiseaux qui vivent de grains, tels que la plupart des
Poules, Faisans, Dindons, Paons, Pintades et Perdrix, sont ceux
qui ont, en général, la langue moins grande, moins charnue,
plus sèche, et couverte d'une peau plus épaisse. Sa forme est à
peu près triangulaire; deux prolongements s'étendent sur les
branches de l'os hyoïde, et laissent un vide dans leur milieu.
Le palais, chez ces oiseaux, est revêtu de membranes minces et
très-peu humectées; conditions qui n'indiquent certainement
pas un grand développement du sens du goût.

La langue est encore grêle et pointue chez les Bécasses; charnue, au contraire, large et pointue chez les Grues; cartilagineuse, aplatie et frangée à l'extrémité chez les Agamis. Elle est
généralement petite chez l'Albatros; à bords frangés et festonnés
chez le Harle.

Mais de tous les oiseaux, et surtout de ceux qui vivent sur
l'eau, ce sont les Oies et les Canards qui ont la langue la plus
volumineuse, la plus charnue, la plus papilleuse, la plus couverte
de mucosités, et celle qui, à part la mobilité, a le plus d'analogie
avec celle des mammifères (fig. 145). Elle est terminée à sa
pointe par une sorte d'onglet cartilagineux. Cependant ces oi-

seaux, qui devraient, selon toute apparence, être les plus sen-
suels, le sont le moins, et ne sont que voraces; ils semblent ne
pas choisir leurs aliments, s'accommodent généralement de
tout ce qu'ils trouvent dans la vase, qu'ils fouillent et dans laquelle ils barbotent; les plus gros morceaux sont ceux qu'ils
préfèrent malgré la difficulté de les avaler et le temps qu'ils
passent à les dépecer.

Ceci nous mène à dire un mot de ce qu'on a cru devoir considérer comme une preuve de la délicatesse du goût chez les
oiseaux qui vivent de grains, par opposition à la voracité des
Oies et des Canards, qui vivent de tout.

Les premiers sont délicats par sensualité, a-t-on dit, et la
simplicité de leur organisation nous tromperait, si leurs habitudes ne nous désabusaient. Qu'on mêle en effet ensemble plusieurs espèces de grains qui, séparément, sont une nourriture
également bonne pour eux, et qu'on les leur présente : ils en
préféreront une sorte qu'ils épuiseront avant de toucher aux
autres, et ils les trieront tous dans l'ordre suivant lequel ils leur
plaisent le plus. S'ils ne mangeaient que par appétit, par besoin, ils choisiraient de préférence les grains les plus gros, qui
les rassasieraient plus tôt, et cependant ils font le plus souvent
précisément le contraire. Qu'on mêle du froment, de l'orge et
du millet, qu'on donne ces graines à des Poules, des Faisans, des
Dindons, etc., le millet sera toujours dévoré le premier, le froment ensuite, et l'orge restera le dernier; si, tandis que ces oiseaux trient les graines, on jette au milieu d'eux de la mie de
pain, des vers, des portions d'insectes mous, de la viande ha-
chée, les graines seraient quittées pour ces nouveaux appâts,
parmi lesquels les vers auront la préférence; les Pigeons lais-
seront de même la vesce pour le chènevis ou le millet qu'on y
aura mêlé.

Et l'on a conclu de ces observations que les oiseaux, même

ceux qui sont granivores, mettent du choix dans les aliments qu'ils trouvent à leur portée, et que ce choix, le plus souvent en opposition avec le simple appétit, avec le besoin de se nourrir, ne peut être fondé que sur la sensualité. Cette manière de raisonner de plusieurs naturalistes est le résultat d'une erreur, et provient de la confusion qu'ils ont faite entre ce qui n'est que de l'instinct et ce qui ne saurait appartenir au sens du goût, que tout démontre, nous le disons encore, ne pas plus exister chez les oiseaux que celui de l'odorat.

Tout ce que l'on peut dire sur ce point tant controversé, c'est que la langue, de même que le bec, varie dans sa forme, en raison des habitudes et de la manière de vivre des oiseaux, beaucoup plus qu'en raison des besoins ou des nécessités de l'organe du goût, que nous considérons chez eux, à l'exemple d'Isidore Geoffroy Saint-Hilaire, comme entièrement nul et tout au plus à l'état rudimentaire.

Ainsi les papilles si diverses de formes et plus ou moins cornées qui se voient à la langue de la plupart des oiseaux, et dont elle est généralement couverte ou bordée, leur servent plus à retenir les aliments arrivés à l'arrière-bouche qu'à en apprécier l'odeur ou la saveur, en un mot, qu'à la perception du goût.

Il en est de même de l'organisation du palais. Nous n'y voyons rien non plus qui vienne à l'appui des explications données par Mauduyt et d'autres naturalistes pour établir l'existence du goût chez les oiseaux.

On a vu que leurs narines ne consistent qu'en deux ouvertures placées indistinctement à la base, au milieu, ou même à l'extrémité du bec, et percées tantôt dans une peau membraneuse, tantôt dans la substance cornée de cet organe, parfois même lui étant superposées en forme de tubes osseux. Ce qui n'empêche pas que, s'il y a entre leur organe intérieur, pour l'odorat et celui des mammifères, plus de conformité qu'il ne s'en trouve du côté de la langue, cette conformité ne soit purement apparente.

Ce n'est pas d'abord vers le milieu du crâne, à la partie antérieure, comme dans les mammifères, que l'organe de l'odorat est à chercher dans les oiseaux; c'est à la portion subantérieure du bec. Cette portion est bien effectivement creuse, séparée en deux par une lame osseuse longitudinale, et partagée, par des cloisons plus ou moins cartilagineuses, en un grand nombre de cavités communiquant les unes avec les autres; ces cavités sont aussi tapissées par une membrane déliée, sorte de muqueuse, et l'on y aperçoit bien aussi des nerfs qui s'y distribuent et s'y épanouissent. Mais on ne reconnaît dans ces surfaces unies, calleuses ou papilleuses, rien qui serve à percevoir l'impression des odeurs : tout ce système, tout ce mécanisme, ne concourt qu'à un seul but, celui de rendre plus facile la déglutition des aliments. Il ne faut pas oublier que les cavités orale et gutturale des oiseaux ne sont pas suffisamment distinctes l'une de l'autre, attendu qu'il n'existe pas de voile du palais, et que l'ouverture postérieure des narines et la glotte représentent seulement deux fentes longitudinales qui se correspondent et qui sont ordinairement garnies de papilles fort inclinées. Or ces différences seules et l'absence de véritable palais suffisent pour mettre en doute la sensibilité du goût, qui ne peut se manifester, chez les oiseaux, que par la triple combinaison des impressions de la langue, du palais et des narines. C'est encore à cause de ces différences, et surtout à cause de la forme et de la solidité du bec, que la succion ne s'opère jamais chez les oiseaux quand ils boivent : ils emplissent la cavité de la mandibule inférieure, qui leur sert de véritable gobelet ou cuiller, et, en élevant ou renversant même la tête, ils font écouler le liquide dans leur jabot. Il y a cependant une exception à signaler chez les pigeons, qui aspirent l'eau qu'ils boivent; mais cette exception, qui, chez eux, tient à une modification du mécanisme et aussi à un bec plus mou et plus charnu, ne prouve nullement la sensibilité du sens olfactif.

Toucher. — Le toucher est non-seulement le plus imparfait, mais encore le plus obtus des sens de l'oiseau : ce qui se conçoit aisément. Ce sens est affecté aux impressions que le corps, et spécialement certaines parties, peuvent éprouver au contact des corps extérieurs. Or, chez les oiseaux, que voyons-nous?

Une bouche remplacée par un appareil osseux recouvert d'une membrane ou enveloppe dure et cornée, et par conséquent, sauf quelques exceptions dont nous parlerons, impropre aux perceptions tactiles; des membres supérieurs destinés uniquement à faciliter la locomotion aérienne; des membres inférieurs recouverts de plaques protectrices presque cornées, écailleuses ou réticulées, insensibles, et plus nuisibles que favorables à l'exercice du toucher. Reste donc l'impression que peut recevoir une peau complétement couverte de plumes insensibles, plus ou moins épaisses et plus ou moins serrées. Sans aucun doute, l'oiseau est sensible aux démangeaisons et aux piqûres produites par les parasites qui se logent sous ses plumes; il perçoit la sensation des petits corps étrangers qui s'introduisent entre elles, mais cela n'a qu'un très-faible rapport avec le sens du toucher, que nous considérons ici comme exigeant, pour s'exercer d'une manière utile, le concours de la volonté de l'animal. Aussi ne trouvons-nous de traces de sensibilité tactile qu'à l'extrémité du bec, dans certains groupes qui ont cet organe moins sec, plus allongé ou plus charnu, comme on le voit chez quelques échassiers, le Courlis, la Bécasse, le Flamant, entre autres, et surtout chez les palmipèdes, qui barbotent. On en trouve encore d'autres à la plante du pied, sous les doigts, sous les membranes interdigitales, où se voient des papilles formant des mamelons

très-rapprochés et disposés par lignes régulières et à peu près
parallèles. Ces papilles, très-apparentes chez un grand nombre
d'oiseaux, ne représentent cependant guère le toucher qu'à l'état
rudimentaire. Nous ne ferons d'exception qu'en faveur des
échassiers, parmi lesquels nous citerons les
Chevaliers, les Bécasseaux, et surtout les Bécasses, qui ont l'habitude de piétiner le sol,
autant pour le sonder et reconnaître s'il renferme des vers, dont ils sont friands, que pour
exciter ces vers à sortir.

Fig. 164.
Patte de Pigeon

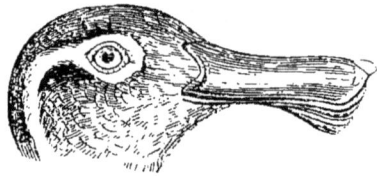

Fig. 165   Malacorhynque

Il n'est personne qui n'ait constaté la répugnance des oiseaux
à se laisser passer la main sur le dos, tandis qu'ils supportent
assez bien son contact sur les autres parties du corps. Quelques-
uns même, parmi les plus apprivoisés, sollicitent un genre de
caresse qui consiste à leur gratter la peau de la tête et du cou.
Cette répugnance n'est pas le résultat d'un excès de sensibilité
tactile, mais bien celui de la crainte. Toute la confiance de l'oiseau est dans ses ailes, et il redoute instinctivement toute ma-
nœuvre qui peut l'empêcher de les déployer.

Sens thermo-électrique et thermo-barométrique. —
Nous sommes d'autant plus porté à admettre pour les oiseaux
un sixième sens thermo-électrique et thermo-barométrique,

que nous trouvons incomplètes et insuffisantes les causes in-
diquées jusqu'ici comme déterminantes des migrations si remarquables de ces animaux.

Carus a proposé pour l'homme l'établissement d'un sixième
sens (sens de la chaleur). « C'est à tort, dit l'anatomiste alle-
mand, que l'on confond en un seul le sens à l'aide duquel nous
apprécions la chaleur, et celui qui nous fait juger la manière
dont les corps remplissent l'espace. J'éprouve évidemment des
sensations tout à fait différentes quand j'approche ma main du
feu et quand je la pose sur un corps solide; quand, en un mot,
je me sers du toucher pour apprécier la température ou la forme
d'un corps. De ce que ces deux sortes de sensations sont perçues par un seul organe, la peau, il ne s'ensuit pas qu'elles ne
constituent qu'un seul sens, une seule manière de sentir; c'est
seulement une preuve que ces sensations sont perçues par des
sens d'un degré peu élevé, puisqu'ils ne sont pas séparés et isolés l'un de l'autre. »

Si nous n'adoptons pas complétement les vues du savant anatomiste, nous acceptons du moins la dernière partie de ses con-
clusions, et nous considérons comme peu élevés dans l'échelle
de la sensibilité les sens non isolés les uns des autres : tels
sont, chez les oiseaux, l'odorat, le goût et le toucher. En effet,
nous avons vu le goût et l'odorat se confondre sur les papilles de
la partie postérieure de la langue; le goût et le toucher, et peut-
être l'odorat, avoir un siége commun à l'extrémité du bec d'un
assez bon nombre d'espèces; le toucher isolé seulement aux faces
plantaires des pattes, mais certainement et naturellement
émoussé et peu délicat sur des parties si souvent en contact avec
le sol.

Il n'en est pas ainsi du sens thermo-barométrique ou sens général, sens universel, comme Virey l'a désigné il y a déjà au
moins soixante ans. L'organisation si exceptionnelle des oiseaux,

l'ampleur de la respiration et la dispersion dans presque toutes
les parties du corps de l'air inspiré, les rendent excessivement
impressionnables aux variations atmosphériques ou météorolo-
giques. C'est à cette sensibilité qu'ils doivent la faculté, non pas
de prévoir, mais de pressentir les changements thermo-baromé-
triques. Les sensations qu'ils éprouvent alors éveillent bien certainement l'instinct qui les décide, dans l'intérêt de la conservation de l'espèce, à quitter des régions troublées pour passer
dans des régions plus calmes. Ils n'attendent pas le moment où
une nourriture abondante leur fera absolument défaut, comme
nous le dirons en parlant des migrations; ils partent ayant encore
leur existence assurée pour quelque temps; ils partent, non pas
isolément, mais en bandes plus ou moins nombreuses, et à la fois
de plusieurs points souvent éloignés les uns des autres. Il faut
donc que l'impulsion qui les pousse ait une cause générale, il
faut encore que l'agent, mystérieux pour nous, qui les dirige,
leur indique le moment opportun du départ. Cet agent peut-il
être autre chose que l'état atmosphérique ou météorologique? Le
siége de cette perception peut-il être localisé, ou est-il répandu
sur toutes les surfaces internes et externes du corps? Nous
pensons que toutes les parties qui sont en contact immédiat
avec l'air atmosphérique, plumes, poumons et sacs aériens, organes particuliers aux oiseaux, et dont nous parlerons bientôt,
subissent l'influence de cet élément et produisent le trouble,
l'inquiétude et l'agitation qui rendent le départ indispensable.

Nous ne croyons pas que les indications fournies par un pa-
tient observateur de Manchester, M. Blackwall, soient de nature
à infirmer notre opinion. Cet ornithologiste, dans un Mémoire
fort curieux sur les oiseaux de passage dans le comté qu'il habite, dit qu'il a noté jour par jour l'arrivée ou le départ de telle
ou telle espèce, en même temps que l'état quotidien de la température et du temps, et il présente des tableaux fort intéressants·

pour la science. Il a constaté que les oiseaux arrivent à une époque où la température est plus froide qu'elle ne l'était au moment de leur départ. Cherchant à expliquer le fait, il a cru devoir attribuer au besoin de se garantir des maladies de la mue l'instinct qui les détermine à changer de lieu pour se rendre en des climats plus favorables au développement de leurs nouvelles plumes. Nous mettons de côté l'erreur relative à ce genre de mue, car, dans leurs migrations, les oiseaux erratiques, et ce sont ceux-là seuls dont s'est occupé l'observateur de Manchester, ne changent pas assez de latitude pour trouver une différence bien notable dans le climat du pays où ils se rendent. Ensuite, ou nous nous trompons fort, ou cette observation, étendue aux oiseaux réellement migrateurs ou voyageurs, tels que les Martinets, les Hirondelles, les Cailles, les Grues, les Cigognes, les Oies, etc., viendrait singulièrement à l'appui de notre opinion, puisqu'il en résulterait un véritable pressentiment dû à une perception électrique ou barométrique.

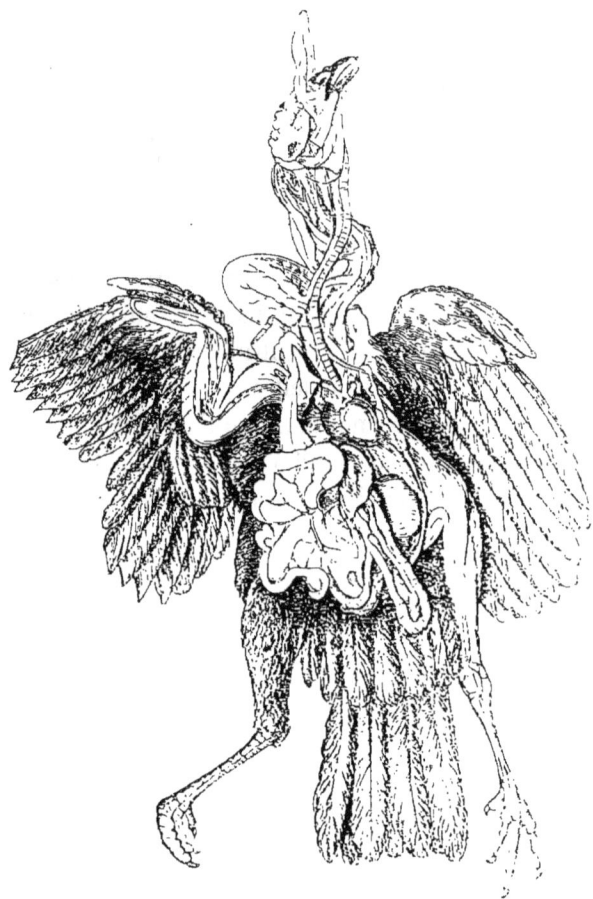

Fig. 166. — Tube digestif du Dindon.

QUATRIÈME LEÇON

Appareil digestif.
Cœur et système vasculaire. — Organes incubateurs.
Appareil de la respiration.
Sacs aériens. — Organes de la voix et du chant.

————

APPAREIL DIGESTIF.

L'appareil digestif des oiseaux comprend le bec comme organe préhenseur ou incisif ; la langue comme organe de déglutition, de préhension et de gustation ; les glandes sublinguales, buccales et sous-maxillaires, dont le produit humecte la cavité du bec ; l'œsophage et sa dilatation désignée sous le nom de jabot ; le ventricule succenturié ou estomac glanduleux ; le gésier ou estomac musculeux ; l'intestin grêle, le gros intestin, les organes urinaires, et enfin le cloaque, orifice terminal commun. Le foie et la vésicule du fiel, le pancréas et la rate, sont des annexes dont nous parlerons au sujet des sécrétions.

L'appareil digestif présente des différences notables suivant qu'on l'examine sur des oiseaux d'ordres, de familles et même de

15.

genres différents. Nous ne parlerons ici que des modifications
principales, qui sont toujours en rapport avec le genre de nourriture particulier à chaque groupe.

A première vue, la forme extérieure du bec et sa plus ou
moins grande dureté permettent de dire quel est le genre de
nourriture propre à chaque espèce d'oiseaux. La cavité buccale
est en parfait rapport avec la forme du bec; elle est plus ou
moins ample, et elle présente à sa paroi supérieure plusieurs
lignes de papilles allongées et dirigées d'avant en arrière; la
mandibule inférieure supporte quelquefois une énorme poche
membraneuse, comme on le voit chez le Pélican (fig. 159). L'arrière-bouche est humectée par la sécrétion
de glandes nombreuses.

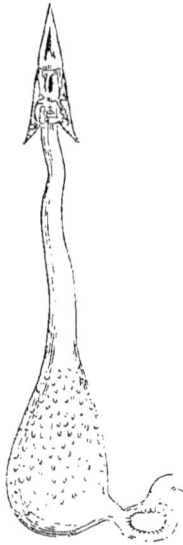

L'œsophage fait suite à la cavité buccale;
il est situé à la face antérieure des vertèbres du cou, derrière la trachée-artère et
un peu à sa droite. En général il a beaucoup
d'ampleur et d'extensibilité, surtout chez
les jeunes oiseaux, qui, sortis encore im-
parfaits de l'œuf, ont besoin d'être nourris
pendant quelque temps par leurs parents;
tels sont les grimpeurs et les passereaux.
Dans ces groupes, l'œsophage forme, à par-
tir de la large cavité du bec et du pha-
rynx, un sac dans lequel les parents introduisent la nourriture qu'ils ont préalable-
ment triturée et humectée.

L'œsophage des rapaces, des échassiers
et des palmipèdes conserve toujours une
grande ampleur, ce qui permet à ces oi-
seaux, comme à un grand nombre de poissons et de reptiles,
non-seulement d'avaler des animaux entiers, mais encore de ré-

Fig. 167.
Œsophage et estomac
de Thalassidrome.

gurgiter les aliments qui ont subi déjà un commencement de digestion. Chez les rapaces diurnes et nocturnes surtout, qui avalent leur proie avec plumes et poils qu'ils ne peuvent digérer, la régurgitation était indispensable : aussi trouve-t-on souvent dans les lieux fréquentés par ces animaux des pelotes formées de débris non digérés, plumes, poils et os rendus après la digestion des parties assimilables. Chez les oiseaux, les Hérons, les Cigognes, etc., qui vivent de poissons ou de reptiles dont le corps est allongé et ne peut être toujours complétement introduits au même moment dans un estomac déjà rempli, on trouve souvent intacte la partie de ces poissons ou de ces reptiles encore engagée dans l'œsophage, tandis que la partie qui a pénétré dans l'estomac est décomposée.

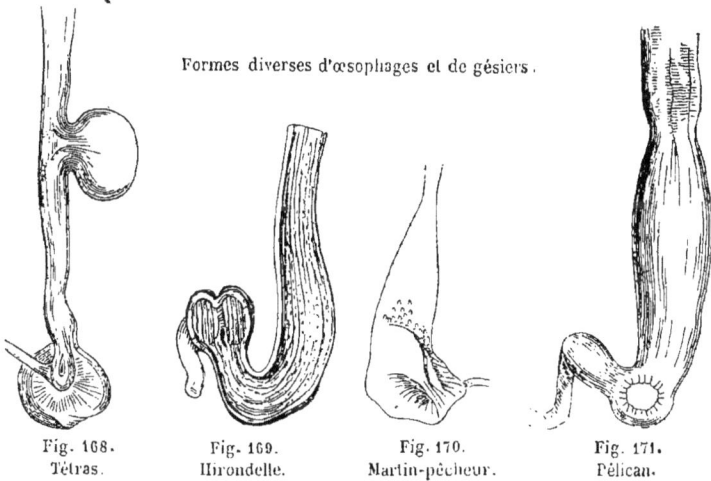

Formes diverses d'œsophages et de gésiers.

| Fig. 168. | Fig. 169. | Fig. 170. | Fig. 171. |
| Tétras. | Hirondelle. | Martin-pêcheur. | Pélican. |

L'œsophage présente souvent vers sa partie moyenne une dilatation plus ou moins considérable à laquelle on a donné le nom de *jabot*. On observe cette dilatation principalement chez les oiseaux granivores, que l'on a comparés, sous ce rapport, aux

mammifères ruminants. On la rencontre aussi chez les oiseaux
carnivores; mais dans ce dernier cas c'est plutôt une dilatation
graduelle et uniforme du canal. Elle ne se trouve pas ou n'est
que peu apparente chez les grimpeurs, les insectivores, les
autruches, les échassiers et les palmipèdes. Cette poche, ou jabot, est tapissée intérieurement d'une membrane muqueuse qui
sécrète en abondance un liquide destiné à ramollir les aliments.
Ils y subissent une première décomposition : comme le jabot
est ample et que l'estomac, dont nous allons parler, ne l'est pas,
il sert de lieu de réserve dans lequel les aliments peuvent être
accumulés, et d'où ils passent dans l'estomac à mesure que ce
dernier peut les recevoir. C'est du jabot que remonte la nourriture préparée pour les petits. On a constaté depuis longtemps

Œsophage et jabot du Pigeon, retournés et insufflés, pour voir les modifications de la
membrane muqueuse à l'état ordinaire et à l'époque de l'éclosion des petits.

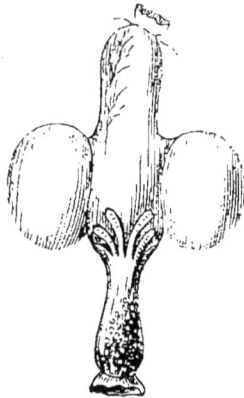

Fig. 172. — État ordinaire.   Fig. 173 — État en nourrissant.

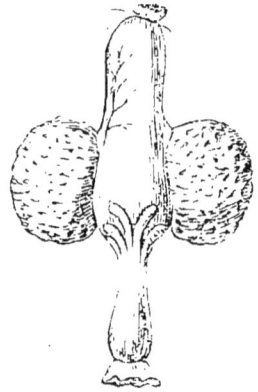

déjà chez les Pigeons un fait très-intéressant, et une modification singulière du jabot pendant qu'ils nourrissent leurs petits.
En temps ordinaire le jabot des Pigeons ne présente rien de par-

ticulier ; il a le même aspect que celui de la plupart des autres oiseaux ; mais, pendant l'incubation, les parois membraneuses du jabot s'épaississent, les plis de la muqueuse se prononcent davantage, des glandes nombreuses se développent, deviennent très-apparentes et fournissent en abondance, au moment de l'éclosion, une sécrétion laiteuse qui ne cesse de se produire que lorsque les Pigeonneaux commencent à sortir du nid.

Chez beaucoup d'autres oiseaux, la nourriture donnée en pareil cas aux jeunes a subi une digestion plus avancée, il y a donc lieu de penser qu'elle est rappelée de l'extrémité inférieure de l'œsophage. Le jabot, placé en dehors du thorax, repose sur la fourchette et sur la membrane élastique qui unit les deux branches de cet os. A la suite du jabot, se trouve un rétrécissement peu étendu ou second œsophage qui, peu après son entrée dans la poitrine, se dilate de nouveau, et forme le ventricule succenturié ou de secours, premier estomac glanduleux dont la structure diffère surtout de celle du reste du canal intestinal par le volume et le nombre des glandes rougeâtres qui le tapissent. Ces glandes varient elles-mêmes beaucoup dans leur structure suivant les ordres ou les familles. Elles sont très-développées, piriformes et bordées de franges libres dans la Salangane, cette petite Hirondelle de Java qui construit ces nids gélatineux si renommés en Chine. En général elles sont

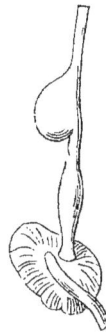

Fig. 174.

Œsophage, jabot, ventricule succenturié et gésier d'un granivore.

simples chez les oiseaux carnivores, volumineuses et ramifiées chez ceux qui vivent de graines ou de feuilles. Chez ces derniers, le ventricule succenturié, qui prépare le suc gastrique, a généralement des parois plus épaisses, des glandes plus rapprochées et plus développées, quoique assez petites.

Chez les premiers et chez beaucoup d'échassiers, le ventricule succenturié est extrêmement large, court, ses parois sont minces, et il se continue d'une manière insensible avec le second estomac ou estomac musculeux (gésier), qui ne difère du premier que par l'absence de glandes gastriques proprement dites, et par sa couche musculaire, qui peut imprimer un mouvement rotatoire aux aliments. Le gésier, plus ou moins épais, est couvert d'une aponévrose qui est le centre d'où rayonnent les fibres musculaires. Il est situé à gauche au-dessous du foie et fort en arrière dans la cavité abdominale. Le mouvement rotatoire dont nous venons de parler semblerait suffisamment prouvé par la forme arrondie que prennent, dans l'estomac des oiseaux de proie, les corps, plumes, poils et os qu'ils ne peuvent digérer. Mais le fait est complétement démontré par la formation, dans l'estomac du Coucou, de pelotes composées de poils de chenilles, véritables égagropiles tout à fait comparables à ceux qu'on trouve dans l'estomac des chèvres. Les chenilles velues dont se nourrissent particulièrement les Coucous ont des poils roides, terminés en fer de flèche et qui pénètrent assez avant dans la membrane muqueuse, où ils demeurent fixés par leurs crochets. Disons en passant que cette disposition accidentelle, qui cesse quelque temps après que les Coucous ne trouvent plus de chenilles velues, a été considérée, par erreur, comme un état normal de l'estomac de ces oiseaux. Quoi qu'il en soit, tous ces poils sont inclinés dans le même sens, et, pour qu'ils se dirigent tous du même côté, il faut qu'ils reçoivent cette

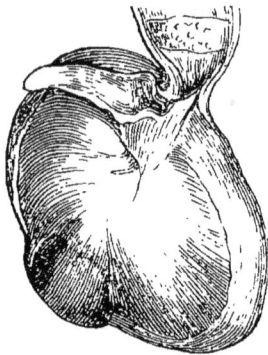

Fig. 175.
Gésier de Dindon.

direction du mouvement rotatoire des aliments contenus dans
l'estomac.

La structure musculeuse du gésier est surtout bien prononcée
chez les oiseaux qui vivent de substances végétales, comme les
Pigeons, les Poules, les Dindons, les Oies, les Cygnes, etc. : chez
ces animaux les muscles constituent la plus grande partie de
l'estomac; leurs fibres denses et d'un rouge foncé aboutissent
à un centre tendineux très-solide, et, comme la membrane interne ou muqueuse a une texture cornée, le viscère peut agir
avec une force extraordinaire sur les substances qu'il est appelé
à diviser.

Carus avait été frappé du développement énorme de l'épithelium ou muqueuse du gésier chez le Pétrel glacial. Cela surprend
moins quand on sait que cet oiseau est carnivore; on trouve en
effet dans son estomac des débris de bras de Seiche divisés par
un appareil composé de saillies coniques, cornées et analogues
aux dents des poissons.

Ce fait, le premier de ce genre observé dans l'ordre des palmipèdes, a son analogue et se retrouve dans celui des pigeons,
avec des caractères tout aussi extraordinaires, si ce n'est même
plus prononcés. Nous avons eu occasion de le constater, en 1860,
sur un oiseau de la Nouvelle-Calédonie. On savait déjà que les
vrais carpophages (ou pigeons mangeurs de fruits à noyaux)
avaient un gésier plus vigoureusement constitué que celui des
autres colombidés, chez lesquels cet organe présente une membrane, non-seulement très-robuste, mais encore couverte de petits tubercules cornés, constituant un appareil destiné à la trituration des corps durs renfermés dans les baies dont ces oiseaux
font leur nourriture ordinaire.

Chez l'oiseau dont nous parlons et auquel on a donné le nom
de *Phœnorhine Goliath*, à cause de ses amples dimensions, ce
caractère revêt une forme tout à fait anormale. Le gésier, déjà ou

ne peut plus musculeux par lui-même, a sa surface interne régu-
lièrement couverte, non plus de simples tubercules cornés, mais
de pointes véritablement osseuses, comme celles qui se voient à la
surface du corps de la Raie bouclée. Ces pointes, en cône aplati,
ont cinq millimètres à leur base et cinq ou six millimètres de
hauteur; elles sont inclinées, à droite sur l'une des parois, et à
gauche sur l'autre; de sorte que par le jeu musculaire de l'organe, au premier temps de la digestion, elles s'engrènent les
unes dans les autres comme les dents d'une machine à broyer.
Lorsque l'organe est entièrement désséché, ces espèces de dents
se détachent de la membrane à laquelle elles adhéraient par un
pédicule central fibreux qui permettait leur mobilité.

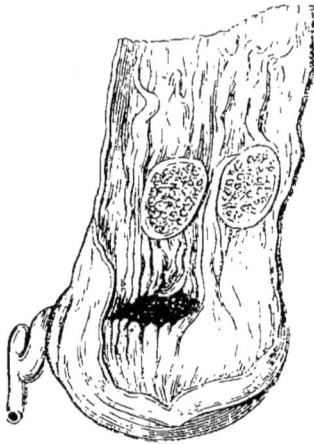

Fig. 176.
Partie interne de l'estomac
du Héron.

Fig. 177.
Partie interne de l'estomac
du Puffin.

L'estomac musculeux, comme le fait observer Carus, ne se
trouve pas exclusivement chez les oiseaux granivores ou herbi-
vores. Il peut se produire jusqu'à un certain point chez les oi-

seaux de proie quand on les nourrit exclusivement de grains et
d'autres substances végétales.

Fig. 178.
Ventricule et gésier
de Faucon.

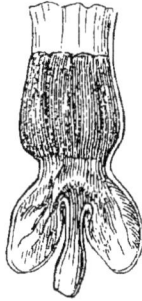

Fig. 179.
Ventricule et gésier
de Faucon, divisés et
vus à l'intérieur.

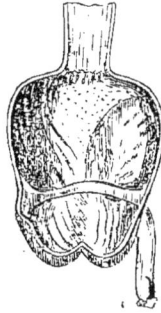

Fig. 180.
Gésier de Pic
vu à l'intérieur.

Il est à remarquer aussi que des espèces semblables, comme
forme extérieure, diffèrent cependant par la disposition de leur
estomac, approprié d'ailleurs au climat qu'elles habitent et
à la nourriture dont elles font usage. Ainsi Home a fait voir
que l'Autruche d'Afrique (*Struthio camelus*) a un large ventricule succenturié, qui se recourbe de bas en haut, pour
s'ouvrir dans un petit gésier très-musculeux; tandis que celle
d'Amérique (*Rhea Americana*) a le gésier plus spacieux, mais
formé de parois plus minces, dans lesquelles Carus a constaté la
présence d'un appareil glanduleux particulier.

Un physiologiste a dit que le gésier remplissait des fonctions
analogues à celles des dents molaires, tandis que le bec repré-
sentait des dents incisives. Quoi qu'il en soit, on sait qu'un grand
nombre d'oiseaux ont l'habitude d'avaler beaucoup de petites
pierres, afin d'armer en quelque sorte leur estomac de dents
étrangères; et l'on a dû être surpris de voir le gésier suppor-

ter, sans inconvénient souvent, mais non toujours sans danger, la présence de morceaux de verre ou de pointes métalliques, qu'il parvient à émousser et à broyer dans un temps assez court. On a observé, dit Buffon, que le seul frottement dans le gésier avait rayé profondément et usé presque aux trois quarts plusieurs pièces de monnaie qu'on avait fait avaler à une Autruche.

L'orifice pylorique du gésier forme un canal à parois molles et quelquefois assez dilaté pour être considéré comme un estomac accessoire. Les intestins, maintenus par un mésentère, ont moins de longueur que chez les mammifères, et le gros intestin est généralement si court, qu'il correspond à peine au rectum de ces derniers. Le canal intestinal est très-court chez la plupart des rapaces. Il a au contraire une longueur extraordinaire chez les Gorfous et Sphénisques, notamment chez le Manchot (*Apteno- dytes demersa*).

Les parois musculeuses de l'intestin sont ordinairement fort épaisses, et la plupart du temps la membrane interne est couverte de villosités très-longues, qui en garnissent toute l'étendue, à l'exception seulement des cœcums.

Chez plusieurs palmipèdes, l'Oie par exemple, la partie antérieure du canal intestinal est couverte de plis longitudinaux ondulés, qu'on rencontre fréquemment aussi chez les passereaux, et qui disparaissent dans les cœcums, où ils sont remplacés par des villosités. Il n'existe dans la plupart des animaux qu'un seul cœcum, qui forme la première partie du gros intestin; chez les oiseaux, il y en a le plus souvent deux, et leur longueur est très-variable. Ils représentent deux appendices vermiformes placés à droite et à gauche de l'intestin. Ils sont très-longs chez les oiseaux qui vivent de substances végétales, comme les Poules, les Faisans, les Paons, les Pintades, les Oies, les Cygnes; plus courts chez la Chouette, le Coucou, la Bécasse, la Grue, le Pélican, etc.; plus courts encore chez les Pigeons, les Cor-

beaux, les Pies-Grièches, les Moineaux, etc.; très-courts enfin
chez les rapaces, les Mésanges, la Ci-
gogne, les Mouettes, etc. Il n'y a
qu'un seul cœcum, parfois roulé en
spirale, chez le Héron, le Butor, le
Harle. On n'en trouve aucune trace
chez les Zygodactyles, Perroquets et
Pies. Le Martin-pêcheur, la Huppe et
le Cormoran en sont aussi privés. On
ne connaît que quelques oiseaux granivores, les gallicacés, par exemple,
chez lesquels le gros intestin soit séparé de l'intestin grêle par une sorte
de valvule.

On sait combien les oiseaux ont con-
tribué et contribuent encore tous les
jours à la distribution de certaines
plantes à la surface du globe, et, sans
parler de notre Draine, dont les excré-
tions conservent intactes les baies de
gui qu'elles transportent à grande distance au détriment des arbres sur lesquels elle les dépose, combien ne pourrait-on pas citer d'autres oiseaux qui

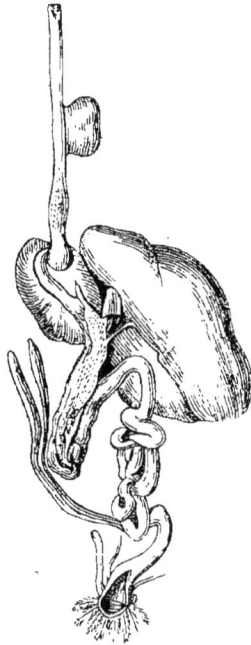

Fig. 181.

Tube digestif et foie
de la Poule commune.

ont la même mission à remplir! Les Pigeons, surtout ceux dits
Muscadivores, qui répandent et multiplient la muscade dans
toutes les îles et dans les moindres ilots de la mer des Indes et de
l'Océanie; les Pardalottes, et beaucoup d'autres petits oiseaux
qui transportent tant de plantes parasites sur les arbres des forêts de la Nouvelle-Hollande. La conservation des graines dans le
tube digestif des oiseaux ne dépend, au dire de Carus, que de
l'absence de valvules aux orifices cardiaque et pylorique, d'ail-

leurs assez rapprochés l'un de l'autre pour que ces graines passent dans l'intestin sans avoir subi d'altérations. Banks assure même que les graines qui ont traversé le canal alimentaire d'un oiseau germent beaucoup plus promptement que d'autres.

Peut-être est-ce à une organisation semblable que les Glaréoles, ces oiseaux si difficiles à classer, doivent de rendre intactes les carcasses des sauterelles, dont ils sont très-friands. Ces insectes ne perdent en effet, pendant leur séjour dans le canal intestinal des Glaréoles, que leurs parties molles internes; leur enveloppe plus ou moins dure n'éprouve aucune altération. L'observation de ce fait est due à Jules Verreaux.

Annexes du tube digestif. — Les sécrétions chez les oiseaux, comme chez tous les animaux, sont le produit de diverses glandes ou organes glanduleux, tels que le foie, le pancréas, les reins, etc., annexes glanduleuses du tube digestif, et en communication avec lui par des canaux particuliers et plus ou moins nombreux.

Quoiqu'il existe un rapport déterminé entre l'appareil salivaire et celui de la mastication, la sécrétion salivaire chez les oiseaux consiste généralement plutôt en un simple mucus qu'en une véritable salive, car elle est épaisse et visqueuse. Elle a ce caractère chez la plupart des Fissirostres, les Engoulevents et surtout les Hirondelles, qui en font un si utile et si constant usage pour la construction et la consolidation de leurs nids, et aussi chez les Pies, où elle forme sur la langue un enduit gluant dont ils se servent pour saisir leur proie.

Les glandes salivaires sont petites, et en plus grand nombre chez les oiseaux de proie; mais elles ne sont chez aucun oiseau plus développées et plus nombreuses que chez ceux qui vivent de substances végétales.

Le foie est plus volumineux relativement chez ces animaux que chez l'homme et les mammifères. Composé de deux lobes, il est couvert en avant par le sternum, et s'appuie en arrière sur les poumons, où il est même retenu par les parois des cellules aériennes qui le tapissent de leurs prolongements. Cet organe varie de grosseur selon les ordres ou les familles. Les échassiers et les palmipèdes sont ceux qui l'ont le plus volumineux, puisqu'il varierait de $\frac{1}{29}$ à $\frac{1}{10}$ du poids du corps ; tandis que les rapaces sont ceux qui l'ont le plus petit, son poids ne variant que de $\frac{1}{42}$ à $\frac{1}{35}$ de celui du corps.

La vésicule de fiel n'existe pas chez tous les oiseaux. Carus l'a cherchée en vain dans le Perroquet et le Pigeon ; d'autres anatomistes ne l'ont pas trouvée dans la Pintade, la Gélinotte, le Paon et l'Autruche, tandis qu'on l'aurait observée chez les Nandous et le Casoar. Dans le Toucan, cette vésicule est étroite, mais d'une longueur remarquable, puisqu'elle s'étend à presque toute la cavité abdominale, d'après Meckel.

Nous reviendrons sur ce fait assez remarquable de l'absence ou de la présence de la vésicule biliaire chez les oiseaux, en traitant de la coloration de leurs œufs.

On sait que c'est en augmentant la nourriture et en diminuant le mouvement musculaire que l'on parvient chez plusieurs oiseaux domestiques, notamment les Oies, à faire grossir considérablement leur foie, et à convertir sa substance en une masse graisseuse qui conserve à peine les caractères du foie normal.

Le pancréas, dont la sécrétion se verse dans l'intestin, suit les mêmes proportions que le foie dans les diverses familles ornithologiques. Cet organe, situé, chez les oiseaux, dans l'espace formé par l'anse de la circonvolution intestinale, a souvent une grande longueur, et, en général, son volume est aussi plus considérable que dans aucune autre classe du règne animal ; très-petit chez les rapaces, il est très-gros chez les oiseaux qui vivent de végétaux.

Les reins, organes sécréteurs de l'urine, sont spongieux, multilobés, et d'un brun rouge foncé. Assez petits chez les oiseaux de proie, ils sont plus gros chez les échassiers et les palmipèdes. Chez la Cresserelle, leur poids, comparé à celui du corps, donne $\frac{1}{96}$; il donne $\frac{1}{62}$ chez le Vanneau et $\frac{1}{38}$ chez le Harle. Quel que soit le développement de ces organes, la sécrétion urinaire se réduit à fort peu de chose, et elle est presque nulle dans la plupart des oiseaux, quoique l'on ait reconnu chez presque tous l'existence d'uretères descendant le long de la paroi tergale du bassin; et, comme il n'y a pas de vessie, ces uretères s'ouvrent directement dans le cloaque au bord du rectum.

L'urine ressemble beaucoup à celle des reptiles sauriens; elle contient une si grande quantité d'acide urique, de carbonate et de phosphate calcaires, qu'elle ne tarde pas à se concréter, et forme ordinairement, autour des excréments, un enduit blanc que l'action de l'air convertit bientôt en une masse friable.

L'Autruche et le Casoar sont, d'après Cuvier, les seuls oiseaux qui puissent évacuer séparément leur urine et leurs excréments.

Chez presque tous les oiseaux, il existe sur le croupion, au-dessus des dernières vertèbres caudales, une glande bilobée, plus ou moins développée, mais remarquable par ses proportions, surtout chez les oiseaux d'eau. Cette glande s'ouvre à la surface de la peau et fournit une sécrétion huileuse avec laquelle ces animaux graissent et lustrent leurs plumes. Ils prennent ce corps gras avec le bec et l'étalent aussi habilement qu'on pourrait le faire avec un peigne. Chez quelques espèces, la sécrétion fournie par la glande du croupion est odorante; le Canard musqué en offre un exemple; chez toutes, ce corps gras,

Fig. 182.
Glande du croupion.

couvrant les plumes, les rend impénétrables à l'eau, qui glisse sur leur surface.

CŒUR ET SYSTÈME VASCULAIRE.

Le cœur des oiseaux ressemble beaucoup à celui des mammifères. Comme chez ces derniers, il est placé sur la ligne médiane et dans l'axe du corps; sa pointe est logée entre les lobes du foie. Il est formé de deux moitiés, gauche et droite, sans communication, et chaque moitié comprend un ventricule et une oreillette en communication directe. Il devait en être ainsi chez des animaux présentant l'appareil respiratoire le plus compliqué et le plus étendu. Aussi le sang qui revient du corps au cœur pour être revivifié par les poumons est-il séparé de celui qui a été revivifié et doit être renvoyé du cœur à toutes les parties du corps. Parmi les vertébrés, les oiseaux et les mammifères seuls présentent cette disposition, qui n'est qu'indiquée chez les reptiles. Mais, chez les oiseaux, le sang s'oxygène ou se revivifie, non-seulement dans les poumons, mais encore dans de nombreuses cellules aériennes répandues dans diverses parties du corps, et dont nous parlerons plus loin; il y a donc chez eux des surfaces bien plus étendues pour le contact de l'air avec les vaisseaux capillaires; c'est un moyen d'oxygénation du sang de plus que chez l'homme et les mammifères.

Nous ne dirons rien de l'appareil vasculaire des oiseaux, lequel, pour la distribution des artères et des veines et leurs ramifications, ne diffère pas de ce qu'on sait des mêmes organes chez les autres animaux vertébrés. Nous parlerons néanmoins d'une disposition vasculaire toute particulière à la peau des oiseaux, et qui se rattache à l'incubation.

Il existe beaucoup de faits dont les causes sont entièrement ignorées : tel est, entre autres, le besoin que paraissent éprouver les femelles des oiseaux à couver. Prenons pour exemple l'espèce la plus commune, la Poule domestique. La Poule qui obéit au besoin de couver se place et reste dans la position de couveuse, alors même qu'elle n'a pas d'œufs sous elle; et, presque toujours, il faut lui faire violence pour la rendre à ses habitudes; quelquefois les violences sont inutiles, et la couveuse persiste malgré les privations auxquelles on la soumet. Comment expliquer, dit Daudin, ce soin de tous les oiseaux pour construire un nid et couver leurs œufs avec assiduité et une sorte de tendresse, si nous ôtons à ces industrieux animaux la faculté de prévoir quel sera le résultat de leurs soins? Comment concevoir cet esclavage auquel ils se condamnent volontairement pendant plusieurs jours de suite, souvent un mois, lors même qu'ils n'ont pu avoir appris que ces œufs doivent donner naissance à des petits? L'incubation est un mystère pour nous : cependant, s'il est permis de former des conjectures sur les causes qui produisent ce besoin chez l'oiseau, ne peut-on pas le regarder comme une conséquence nécessaire de la loi de conservation de l'espèce? Une nourriture abondante semble augmenter ce besoin chez nos oiseaux de basse-cour. Les mères paraissent éprouver un vif plaisir pendant l'incubation, et elles nous montrent évidemment par leur persévérance qu'elles prévoient le résultat de leur ponte et de l'incubation.

On sait que la poitrine et l'abdomen des couveuses sont naturellement le siége d'une irritation qui se manifeste lorsque la ponte est terminée; et l'on produit même artificiellement cet état d'irritation sur les Dindes et les Poules qu'on veut forcer à couver, en leur frottant ces parties avec des orties. Mais on n'avait pas remarqué que cette irritation était indiquée par la présence de taches rouges produites par des réseaux ou plexus vasculaires découverts par Barkow, et désignés par lui sous le nom d'organes incubateurs. Déjà cependant Fober avait reconnu que les Pingouins, les Guillemots et le Macareux arctique, qui ne pondent généralement qu'un seul œuf, avaient une tache sur chaque côté de la poitrine, tandis que les autres oiseaux qui ne pondent aussi qu'un seul œuf ne présentaient qu'une seule tache, et il expliquait la présence de deux taches d'incubation chez les premiers par la nécessité de chauffer leur œuf unique alternativement par l'une et l'autre tache.

Cette observation de Faber, faite sur des oiseaux qui ont tant d'inaptitude à couver par suite de l'organisation incomplète de leur appareil locomoteur, devait conduire à la découverte des mêmes organes chez d'autres oiseaux, et c'est ce qui est arrivé. En effet, Barkow et Nitzsch ont fait de nombreuses recherches, et l'on doit au premier de ces anatomistes la description exacte de l'organe incubateur du Grèbe huppé. Ces plexus, qu'on rencontre sur plusieurs points de la poitrine et du ventre des oiseaux, sont formés d'une multitude d'artérioles fréquemment anastomosées, flexueuses, et d'un nombre correspondant de veines. Ils se trouvent sous la peau, et fournissent du sang en abondance aux parties qui sont destinées à l'incubation des œufs.

À ces organes incubateurs, dont le nombre varie, correspondent extérieurement les taches d'incubation représentées par des portions de peau privées de plumes, et qui s'appliquent sur les œufs pour leur communiquer immédiatement la chaleur nécessaire. Ces taches sont souvent élargies par l'oiseau, qui s'arrache des plumes et du duvet, ainsi qu'on le remarque chez les Oies et les Canards. Elles se remarquent exclusivement chez les femelles

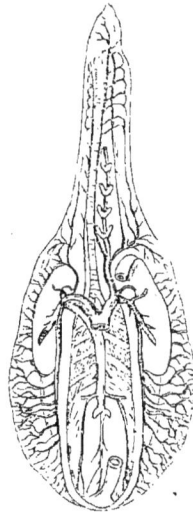

Fig. 185.
Plexus incubateurs
du Grèbe huppé.

dans la plupart des oiseaux qui en sont pourvus, mais elles s'observent exceptionnellement chez le mâle dans le genre phalarope. On sait, en effet, que dans ce genre d'oiseaux aquatiques, c'est sur les mâles que retombe en grande partie le soin de l'incubation.

Pour terminer ce que nous avons à dire du système vasculaire, nous aurions à parler des vaisseaux lymphatiques; mais nous ne pourrions le faire sans aborder des détails sans intérêt réel pour nos lecteurs, et nous nous bornerons à dire que les oiseaux présentent des vaisseaux lymphatiques dans presque toutes les parties du corps, et que ces vaisseaux suivent le même trajet que les artères.

APPAREIL DE LA RESPIRATION.

Rien ne distingue mieux la classe des oiseaux de toutes les autres classes de vertébrés que l'étendue de l'appareil de la respiration. Cette fonction, dit Virey, qui domine toutes les autres chez ces habitants de l'air, imprime toute son énergie à leur constitution; et, si l'on peut dire de quelque corps vivant qu'il est embrasé, consumé du feu de la vie, c'est de l'oiseau qu'il faut parler. L'étendue considérable de ses poumons, l'absence d'un diaphragme, l'existence de nombreux sacs ou réservoirs de l'air, celle de canaux qui distribuent cet air dans toutes les parties du corps, sous la peau, dans les plumes et jusque dans l'intérieur même des os, expliquent sa pétulante mobilité, son énergie, sa chaleur. En effet, de tous les animaux, les oiseaux sont ceux qui développent le plus de chaleur et consomment le plus d'oxygène. La température de leur corps est constamment supérieure à celle des autres êtres vivants; elle dépasse de deux ou trois degrés et plus celle de l'homme.

L'appareil de la respiration se compose d'un larynx supérieur, d'une trachée plus ou moins longue, d'un larynx inférieur, de bronches, de poumons, de sacs aériens et de cellules osseuses. Quelques-unes de ces parties ne se trouvent que chez les oiseaux et seront le sujet de détails fort intéressants.

L'air introduit par les narines traverse l'ouverture nasale postérieure et pénètre dans le larynx par une fente longitudinale (glotte) placée derrière la base de la langue. Des papilles dirigées d'avant en arrière ferment l'ouverture de la glotte pendant la déglutition et remplacent l'épiglotte ou valvule qui se trouve chez l'homme et les mammifères, et sert à empêcher les aliments solides ou liquides de s'introduire dans le canal réservé exclusivement au passage de l'air. Quelques oiseaux seulement ont une épiglotte rudimentaire.

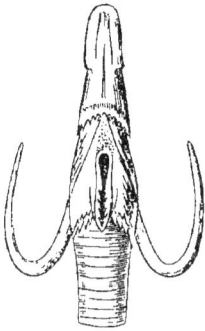

Fig. 184.

Glotte et partie supérieure de la trachée de l'Aigle royal.

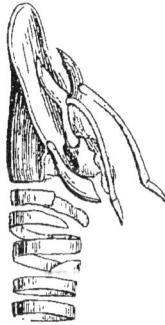

Fig. 185.   Fig. 186.

Cartilages du larynx supérieur, et premiers anneaux de la trachée, séparés et vus de profil et de face.

Le larynx supérieur est formé par la réunion de plusieurs pièces cartilagineuses; la principale présente la forme allongée d'un bec d'aiguière et constitue avec ses accessoires la première partie d'un tube plus ou moins long, formé d'anneaux cartilagineux ou osseux souvent très-nombreux et réunis par une membrane musculeuse qui favorise la flexibilité, l'allongement ou le raccourcissement du tube. Ce tube est connu sous le nom de trachée ou trachée-artère ; il présente quelquefois un renflement ou tambour cartilagineux ou osseux vers son extrémité inférieure ou près de sa bifurcation. La trachée est d'une longueur très-variable, mais qui n'est pas toujours proportionnée à celle du cou ; quelques espèces ont en effet une trachée contournée et repliée de diverses façons. Les flexuosités dont nous parlons sont toujours plus prononcées chez les mâles ; quelquefois elles sont logées dans la crête du ster-

Fig. 187.

Trachée du
Coq de bruyère.

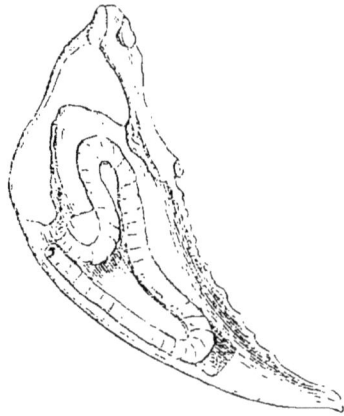

Fig. 188.

Trachée s'étendant jusque dans la crête du sternum.
Grue

num, comme on le voit chez la Grue et le Cygne chanteur, ou seulement placées sous le jabot, comme chez le Coq de bruyère et le Cassican de Kérandren. Jusque dans ces derniers temps, on supposait que la trachée ne présentait de flexuosités que chez les oiseaux des ordres inférieurs, et le Cassi-

can de Kéraudren était l'unique exception citée parmi les passereaux; cependant le Céphaloptère penduligère, découvert, il y a
trois ou quatre ans, dans l'Améri-
que du Sud, fournit une seconde
exception avec ce caractère particulier, qu'au tiers de la trachée il
existe un renflement considérable,
sous forme globuleuse, qui fait res-
sembler la voix de cet oiseau au
mugissement d'un bœuf. La largeur et la solidité des anneaux dont
la trachée se compose varient aussi
beaucoup; ils sont minces comme
des fils et très-flexibles chez les oiseaux chanteurs; larges et presque
osseux chez ceux qui ont une voix
rauque et dure; ils sont même sou-

 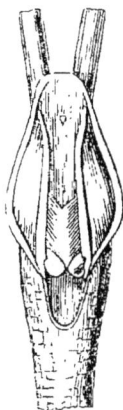

Fig. 189.   Fig. 190.
Muscles du larynx supérieur.

dés entre eux chez certaines espèces à voix plus forte. Enfin la
trachée affecte des formes diverses et son diamètre peut présenter des inégalités dans l'étendue du tube; elle peut être plus
large au milieu qu'aux extrémités, conique, régulière, dilatée
ou rétrécie dans certaines parties. Elle peut être allongée ou rac-
courcie par des muscles particuliers plus développés chez les oiseaux dont le larynx inférieur n'a pas de muscles propres que
chez les oiseaux chanteurs, qui ont, comme nous le verrons, un
appareil vocal plus compliqué et plus perfectionné. Le larynx inférieur, que l'on trouve chez les oiseaux seulement, est formé
par une membrane tendue à la partie inférieure de la trachée et
formant au-dessus ou au niveau de la bifurcation des bronches
une sorte de valvule circulaire plus étroite que la trachée dans
l'intérieur de laquelle elle fait saillie. Cette membrane, unique et
double suivant la position qu'elle occupe au-dessus ou au niveau

de la bifurcation, présente une ouverture par laquelle l'air chassé des poumons doit passer en imprimant des vibrations plus ou moins fortes à la membrane et à la colonne d'air en mouvement dans le tube trachéen et même à ses parois. La membrane constituant le larynx inférieur est le plus souvent tendue par de petits muscles dont le nombre varie beaucoup et dont le jeu, combiné avec l'allongement ou le raccourcissement de la trachée, produit des tons variés. Mais cette complication, nous devrions dire cette perfection, ne se rencontre pas chez tous les oiseaux, et leur voix présente des différences extrêmes, qui s'expliquent par des dispositions anatomiques dont nous allons parler.

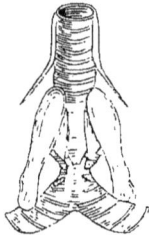

Fig. 191. — Larynx
inférieur du Perroquet.

Fig. 192.   Fig. 195.   Fig. 194.
Larynx inférieur du Rossignol, fortement grossi.

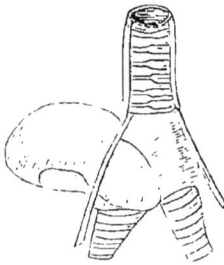

Fig. 195.
Larynx inférieur du Canard.

Parmi les oiseaux dont le larynx inférieur est simple et n'a pas de muscles particuliers, les uns ont vers la partie inférieure de la trachée des tambours ou dilatations osseuses ou membraneuses, et, dans ce dernier cas, soutenus par des arcs osseux, comme on le voit chez les Canards et les Harles; ces dilatations sont beaucoup plus développées chez les mâles, aussi leur voix est-elle beaucoup plus creuse que celle des femelles, qui ont la voix plus aigre et plus aiguë. La discordance dans la voix de ces animaux tient à la position des dilatations à l'origine des bronches et à l'inégalité des membranes et des tambours. Les autres n'ont pas de dilatations, mais les anneaux de la trachée sont plus distants et permettent une compression latérale. Cette disposition et la situation plus élevée de la membrane, qui n'a alors qu'une seule ouverture, expliquent l'acuité du son produit; le Coq commun en est un exemple. Les oiseaux dont le larynx inférieur a des muscles spéciaux présentent des différences d'autant plus avantageuses à la finesse des sons que l'appareil est plus compliqué et plus flexible; dans ce cas, l'allongement ou le raccourcissement de la trachée n'apporte pas de modifications sensibles à la voix.

1° Il peut n'y avoir qu'un seul muscle : les Faucons, les Foulques, les Bécasses et presque tous les oiseaux de rivage à bec grêle sont dans ce cas. Mais la position de ce muscle varie beaucoup, et l'organe entier subit l'influence de cette varaition et produit autant de voix différentes. Ce muscle, en effet, prend son point d'appui sur le dernier anneau ou sur l'avant-dernier dans les espèces dont nous venons de parler; et il peut le prendre sur les anneaux qui suivent, de sorte que la longueur du muscles correspond à la distance de trois, cinq ou sept anneaux trachéens, comme on le voit chez les Martins-pêcheurs, les Coucous et les Chouettes.

2° Il peut y avoir plusieurs paires de muscles : les Perroquets, par exemple, en ont trois paires, et, quoiqu'ils n'aient pas la voix agréable, ce qui tient à la rigidité de leur trachée, ils peuvent cependant la varier beaucoup pour le ton, l'intensité, et ils arrivent à imiter les sons étrangers et souvent même la voix humaine. Les oiseaux chanteurs ont jusqu'à cinq paires de muscles; mais, parmi ces oiseaux, il y a de nombreuses distinctions : les uns, Rossignols, Fauvettes, Serins, Linottes, Alouettes, sont les plus appréciés. Chez eux l'appareil vocal est d'une flexibilité remarquable : aussi leur voix est-elle plus modulée. Les autres, Étourneaux, Merles, ont encore une voix agréable, mais déjà moins flexible; d'autres enfin, quoique réunissant les conditions organiques nécessaires, croassent plutôt qu'ils ne chantent : ce sont, par exemple, les Pics, les Geais, les Corbeaux.

Pour expliquer ce résultat singulier il faut remarquer d'abord, dit Cuvier, que les facultés physiques apparentes ne sont pas les seules causes qui déterminent les actions des animaux, et qu'il y en a d'une nature plus délicate, dont on désigne l'ensemble par le nom d'instinct, sans en connaître la nature. Ainsi il est bien clair que c'est l'instinct seul, et non pas la forme de l'instrument musical, qui a déterminé les airs naturels à chaque espèce d'oiseau, puisque ces espèces apprennent à se contrefaire l'une l'autre, et qu'on en a vu plusieurs, dont le chant naturel diffère beaucoup, apprendre avec une facilité presque égale à chanter les airs qui leur sont enseignés par un siffleur, par une serinette, ou même par un autre oiseau. Les oiseleurs ont même observé que les Rossignols, pris très-jeunes, ne chantent jamais aussi bien que les Rossignols sauvages, à moins qu'on ne suspende leur cage à la campagne, dans les lieux où ils puissent entendre ces derniers. D'un autre côté, des oiseaux dont le ramage naturel est assez peu agréable, tels que le Bouvreuil, qui grince comme une scie, ou l'Étourneau, qui a un cri si aigre, peuvent être perfectionnés par les soins de l'homme, et devenir d'assez jolis chanteurs ou siffleurs. Nous en avons de nombreux exemples : il y a aux Tuileries, dans la salle à manger de madame Rollin, dont le goût exquis a rassemblé une infinité de ces petits trésors naturels, un Bouvreuil dont la voix mélodieuse et ravissante surprend toutes les personnes qui l'entendent.

On peut dire en général que les oiseaux compris dans la série des chanteurs sont loin d'avoir des chants ou des voix analogues pour l'agrément, et que si les différences anatomiques qu'ils pré-

sentent ne sont pas toujours proportionnées à l'énorme différence dans la voix, cela n'a rien qui doive surprendre. La plus
simple modification, parmi celles même qui échappent à l'appré-
ciation anatomique, suffit pour transformer la voix. L'homme, qui
représente un type spécifique qu'on dit parfaitement organisé,
offre toutes les nuances possibles dans la voix et peut servir à
démontrer qu'indépendamment de la forme organique du larynx,
il y a une aptitude musicale particulière qui n'appartient pas à
l'espèce, mais seulement à quelques individus, et que cette aptitude même peut se développer par l'éducation; aussi, quoique
tous les oiseaux de la même espèce aient naturellement la même
voix, il en est dont le chant est bien supérieur à celui des autres.
Parmi les oiseaux dont le larynx a cinq paires de muscles, on
trouve un certain nombre d'espèces qui ne donnent jamais que
des sons faux ou au moins très-désagréables. Cela tient, dit Cuvier, d'une part, au timbre de leur instrument, et, de l'autre, à ce
que la mobilité de leur trachée n'est pas en rapport avec celle de
leur larynx inférieur; car on comprend que si la trachée est im-
mobile dans sa longueur et ne peut s'accommoder aux variations
de ce larynx, les sons produits seront faux et discordants. On
comprend aussi que ces sons seront désagréables toutes les fois
que le diamètre des diverses parties de l'organe n'aura pas des
dimensions convenables et présentera des renflements ou des
rétrécissements. Mais en général les oiseaux doivent la facilité
qu'ils ont de varier les sons et d'imiter plus ou moins grossière-
ment la voix humaine au nombre de muscles que présente leur
larynx inférieur.

Avant de compléter tout ce que nous avons à dire de la voix
des oiseaux, et pour être plus facilement compris, il faut que
nous terminions la description des autres parties de l'appareil
respiratoire.

L'extrémité inférieure de la trachée se divise en deux branches.

15.

qui se dirigent obliquement à droite et à gauche vers les poumons; ce sont les bronches, qui ont à peu près la même organisation que la trachée et qui conduisent l'air dans les poumons et les sacs aériens.

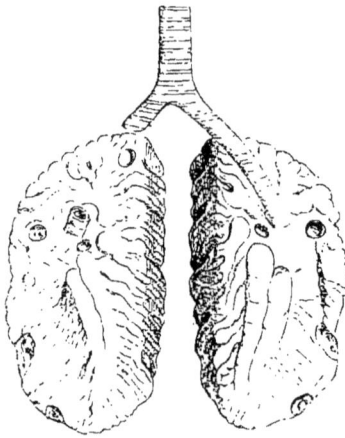

Fig. 196.

Côté antérieur des poumons et ouvertures
de communication avec les sacs aériens,
d'après Sappey.

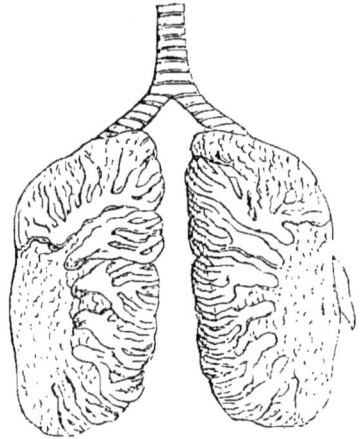

Fig. 197.

Côté postérieur des poumons
et divisions des bronches,
d'après Sappey.

Les poumons des oiseaux représentent deux masses aplaties et comme spongieuses, logées à la face dorsale de la poitrine, qu'ils tapissent et sur laquelle ils se moulent, en s'enfonçant dans les intervalles des côtes à droite et à gauche de la colonne vertébrale. Ils diffèrent de ceux des autres animaux surtout par leurs rapports avec les parois postérieures du thorax auxquelles ils sont fixés et par leur étendue vers le bassin; leur face antérieure, libre et concave, correspond à des sacs aériens qui viennent s'y appliquer. Séparés l'un de l'autre par la colonne vertébrale, les poumons de l'oiseau sont enveloppés par une membrane (plèvre) qui est plus apparente à leur face antérieure. L'extrémité de chaque bronche pénètre dans le poumon, qui n'a qu'un seul lobe, et bientôt ne présente plus d'anneaux cartilagineux complets. Le parenchyme du poumon est composé de tissu cellulaire, de canaux aériens et de vaisseaux sanguins ramifiés à l'infini.

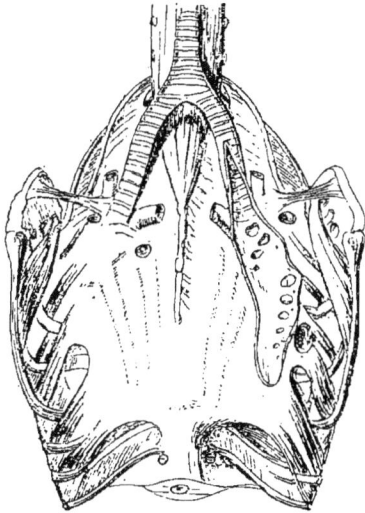

Fig. 198. — Ouvertures des canaux aérifères, d'après Sappey.

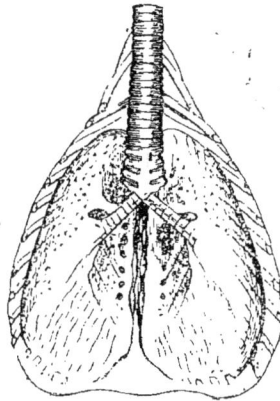

Fig. 199. — Poumons d'un Pigeon, d'après Flourens.

Des tubes aériens naissent un grand nombre de ramifications secondaires formant des tubes parallèles qui distribuent l'air sur la surface de chaque cellule pulmonaire et établissent ainsi un contact incessant entre l'air inspiré et le sang à revivifier. Pendant l'inspiration, la dilatation des poumons est favorisée par l'écartement des côtes formées de deux pièces et celui du sternum; et, pour remplacer l'action du diaphragme, qui n'existe chez les oiseaux qu'à l'état rudimentaire, on trouve plusieurs faisceaux musculaires qui partent des côtes et quelques ligaments qui fixent ces poumons à la colonne vertébrale; les faisceaux musculaires dont nous venons de parler descendent obliquement vers la partie inférieure des poumons, se relient à la plèvre, et, en se contractant, ils tirent l'organe pulmonaire de haut en bas pour dilater ses cellules et faciliter ainsi l'introduction de l'air dans toutes ses parties. D'autres différences se présentent encore : l'air qui a pénétré dans les poumons des oiseaux n'y est pas retenu complétement dans les limites de l'organe, dont la surface présente de nombreuses ouvertures en communication avec les sacs très-développés dont nous allons parler et même avec les os.

Des prolongements et des replis de la membrane qui tapisse les cavités du tronc et la masse intestinale forment des sacs considérables enveloppant tellement les viscères, qu'on pourrait dire avec Carus que toutes les parties internes du corps des oiseaux sont contenues dans les poumons et les sacs aériens. Les ouvertures de communication des poumons avec les sacs aériens sont situées à la face interne et inférieure des premiers, et leur nombre varie de cinq à sept ou neuf. Ces ouvertures ont été découvertes par Perrault, comme l'atteste son travail publié en 1666 dans les Mémoires de l'Académie ; depuis cette époque et tout récemment encore plusieurs anatomistes se sont spécialement occupés de ce sujet si intéressant, et l'on peut dire en général que les principaux viscères sont enveloppés par un ou deux sacs aériens. Il y en a deux autour du foie, un en avant et un en arrière du cœur. Deux ou trois grands sacs abdominaux entourent les organes intestinaux et reproducteurs ; il en existe même qui s'étendent au delà du thorax et conduisent de l'air aux clavicules, aux vertèbres du cou, aux humérus, aux fémurs, aux plumes et à presque tous les os du tronc et des membres. Toutes les parties qui en sont pourvues communiquent si bien les unes avec les autres et avec les poumons, qu'en poussant de l'air par un trou pratiqué artificiellement au fémur ou à l'humérus par exemple, on peut aisément insuffler le corps entier, et que l'ouverture acci

déntelle d'une de ces parties suffit pour permettre à l'air chaud
contenu de s'échapper au dehors et pour ôter à l'oiseau la faculté
de voler. On peut voir aux galeries d'anatomie comparée du
Muséum le corps d'un Cygne dont tous les sacs aériens ont été
habilement insufflés et mis en évidence par le docteur Sappey.

Cette communication des os des oiseaux avec les poumons a
aussi été démontrée par les observations du docteur Pouchet. Les
recherches de notre savant confrère avaient pour but de constater la présence des corpuscules étrangers introduits avec l'air

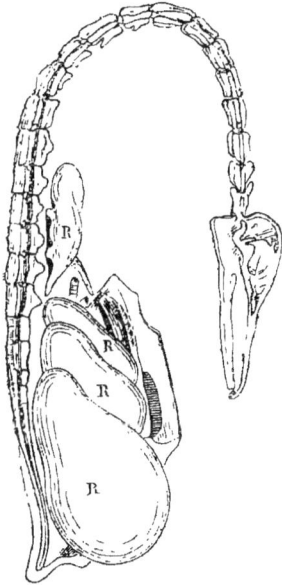

Fig. 200.   Sacs aériens thoraciques et abdominaux du Cygne, d'après Sappey.

Fig. 201. — Sacs aériens du cou
du Cygne, d'après Sappey.

inspiré dans les organes respiratoires de l'homme et des animaux. Pour compléter ses curieuses études sur la micrographie

atmosphérique, il a examiné les cellules osseuses des oiseaux, et, comme les corpuscules une fois introduits dans les parties creuses des os ne sortent que difficilement à cause de l'immobilité et de l'irrégularité des parois, il y a trouvé de nombreux vestiges de tout ce que l'air peut apporter dans l'appareil respiratoire. Il a en effet constaté que chez les oiseaux qui vivent au milieu des villes et surtout dans l'intérieur des habitations on trouve, avec une énorme quantité de fécule, des filaments d'étoffes diverses; tandis que chez les oiseaux qui vivent libres dans les forêts on ne trouve que des débris de matières végétales. Nous verrons bientôt le rôle important que jouent les sacs aériens dans l'exécution du vol des oiseaux; mais nous croyons devoir ajouter quelques mots à ce que nous avons dit de la pneumaticité des os.

L'introduction de l'air dans les os ne se fait pas chez les très-jeunes oiseaux, souvent même les cavités aériennes ne sont pas encore développées quand ils commencent à voler. Cette perméabilité des os n'est pas au même degré dans toutes les familles; elle est plus développée chez le Pélican, la Grue, la Cigogne, plus bornée chez les Râles; mais, chez les Calaos, les os des membres sont tous creux, voire même les phalanges onguéales des orteils.

Voici l'indication des parties du squelette dans lesquelles la présence et la facilité d'introduction de l'air ont été constatées.

On remarque dans les parois du crâne, qui sont communément épaisses, mais sans solidité, une multitude de petites colonnes osseuses déliées, et de nombreuses cellules communiquant ensemble, qui se remplissent d'air provenant soit de l'organe auditif, soit des cavités nasales. La structure celluleuse des os du crâne est surtout remarquable dans quelques Chouettes.

Les os de la face et en particulier ceux du bec admettent l'air dans leur tissu cellulaire. Nous l'avons déjà dit en parlant du bec des Calaos et des Toucans. Les cellules de la mâchoire inférieure reçoivent de l'air de l'appareil auditif, et sont en communïcation avec celles des os du crâne. De tous les os de la face, suivant Nitzsch, il n'y a que les zygomatiques et les sourciliers qui soient pleins.

Il n'est pas rare que tous les os de l'épaule, surtout les clavicules postérieures ou os coracoïdiens, admettent l'air dans leurs cavités. L'extrémité supérieure de l'humérus, qui est fort large, offre une surface articulaire oblongue et une grande ouverture pour le passage de l'air. Les os de l'avant-bras reçoivent autant d'air dans leur intérieur que les autres os de l'aile. Il n'est pas jusqu'au sternum lui-même, cette plaque osseuse en apparence inerte et passive, qui ne participe à cette faculté.

Tous les os du tronc, à l'exception de la première vertèbre cervicale, ont des cellules aériennes, et sont pourvus de plusieurs ouvertures particulières. Le fémur est ordinairement creux, et les ouvertures par lesquelles l'air s'y introduit sont situées au voisinage du trochanter. Cela cependant n'a pas lieu chez tous les oiseaux, et il en est un grand nombre qui n'ont point d'ouverture aérienne en cet endroit : tels sont la plupart des grimpeurs et des passereaux, les gallinacés, le casoar, les échassiers et les palmipèdes. Chez tous, au contraire, le tibia et le tarse sont creux dans toute leur longueur.

On ne s'est pas encore assez occupé de la distinction qu'il y aurait à faire dans les fonctions des sacs aériens et des cellules osseuses pour déterminer la part que ces organes peuvent prendre à l'oxygénation du sang, et celle, plus importante sans doute, qu'ils prennent à la pneumaticité qui permet à l'oiseau d'augmenter ou de diminuer alternativement sa pesanteur spécifique pendant le vol. Toujours est-il que les sacs aériens et les cellules osseuses peuvent être jusqu'à un certain point considérés comme des poumons supplémentaires qui mettent le sang en contact avec l'air sur des surfaces beaucoup plus étendues que chez les autres animaux : car cet air essentiel à la locomotion aérienne de l'oiseau, et qui séjourne dans les sacs et les cellules, n'est point encore complétement dépouillé de son oxygène, quoiqu'il ait traversé les poumons. On peut comparer le corps de l'oiseau à un ballon rempli d'air et muni d'un appareil locomoteur.

Nous verrons, dans une des leçons qui vont suivre, que ce n'est qu'à l'aide de cet appareil pneumatique qu'on peut s'expliquer la facilité avec laquelle se transportent à de si grandes distances et entreprennent de si longs voyages des oiseaux fort peu organisés en apparence pour le vol, tels que la Caille, et que des oiseaux lourds et massifs comme les Oies et les Canards s'élèvent à de si grandes hauteurs.

www.ingramcontent.com/pod-product-compliance
Lightning Source LLC
Chambersburg PA
CBHW060532210326
41519CB00014B/3204